AF345143

PETIT MANUEL

DE

VITICULTURE AMÉRICAINE

DÉDIÉ

AUX MEMBRES DE LA SOCIÉTÉ D'AGRICULTURE
ET D'ACCLIMATATION DE TOULON (VAR)

PAR

Le Docteur G. DAVIN

DE PIGNANS (VAR)

ANCIEN MAIRE, ANCIEN CONSEILLER GÉNÉRAL, MEMBRE DE PLUSIEURS SOCIÉTÉS
SAVANTES, VICE-PRÉSIDENT DE LA SOCIÉTÉ D'AGRICULTURE
ET D'ACCLIMATATION DE TOULON.

———oOo———

DRAGUIGNAN,

IMPRIMERIE DE C. ET A. LATIL, ESPLANADE DE LA VILLE, 4.

1880.

AVANT-PROPOS.

Mon verre n'est pas grand, mais je bois dans mon verre
A. DE MUSSET.

Assise dans une petite mais riante vallée que forment les derniers chaînons des Alpes au nord et les terrains de transition du système des Maures au sud, la commune de Pignans, une des mieux douées, sous ce rapport, à cause même de la variété des sols, offre aux expériences du viticulteur, le champ d'études le plus attrayant.

Le *calcaire marin* et *d'eau douce* au N. et au N.-O. surmonte la couche à *Avicula contorta* qui nous donne des eaux abondantes et intarissables.

Le *tuf calcaire* des derniers âges repose à l'O. sur un soulèvement de *grès bigarrés*.

Au S. un côteau de *grès rouge*, premier chaînon du terrain de transition, sépare la plaine en deux parties dont l'inférieure descend de *phyllades* s'élevant en montagnes qui portent leurs sommets boisés presque à mille mètres d'altitude au pic de N.-D. des Anges.

La plaine proprement dite s'étend de l'est à l'ouest au-dessous de la ville, portant vers ses deux tiers inférieurs ses eaux limpides comme limites presque mathématiques des deux systèmes qui composent notre vallée : là formée d'alluvions calcaires superposées, passant ici au *grès rouge* qui constitue les côteaux voisins ; reposant ailleurs sur des *poudingues* presque inattaquables au pic ; plus loin passant au *tuf* formé par nos eaux. A l'est, une vaste étendue est formée par des alluvions moitié alpestres moitié mauresques, et, tout à fait au sud, se développent des terrains, des vallons circonscrits entre les côteaux de *grès* et les montagnes de *phyllades* où les variétés de vignes américaines, profitant d'un abri qui a fait donner à certains quartiers un nom significatif, Les Serres, croissent très vigoureusement alors qu'elles poussent à regret ou pas du tout dans le milieu de la plaine supérieure, ancien lit de marais dont le nom Les Paluds rappelle l'origine.

Je me fusse cru bien coupable, si, au milieu de tant d'éléments favorables, j'eusse négligé l'étude de *l'adaptation* et *de la résistance* des vignes nouvelles, d'autant plus que, frappé presque en même temps que la Tourate et Roquemaure, j'avais le plus grand intérêt dans la lutte engagée.

C'est pour cela qu'après avoir, autant que possible, complété par l'étude des essais entrepris ailleurs dans notre midi méditerranéen mon instruction personnelle ; après avoir aussi contrôlé par de nombreuses excursions les faits constatés chez moi, j'ai voulu, producteur et non pépiniériste, non point faire un livre, mais simplifier mon travail en réunissant les diverses réponses que je suis chaque année contraint de recopier mille fois pour renseigner les clients qui me font l'honneur de s'adresser à moi et auxquels je reconnais largement le droit de me demander des conseils pour profiter d'une expérience qui, bien que ne datant que de quelques années, ne manque pas d'avoir un certain poids déjà par suite de la diversité des sols au milieu desquels j'ai opéré, de mes voyages si souvent répétés et du nombre de variétés que j'ai cultivées.

J'ai, comme tout le monde, reconnu promptement les défaillances presque constantes et en tous lieux du *Labrusca* ; je les ai proscrites aussitôt, ne les conservant que pour l'étude. L'expérience n'a donc pas été coûteuse pour moi ; il ne m'a pas fallu bien longtemps aussi pour constater la faiblesse du *Clinton*, qui, officiellement importé et patronné, nous a, en compagnie de son parent et voisin le *Taylor*, infligé nos plus grands désastres.

J'ai dû, après quelques tâtonnements inévitables, mettre aussi de côté l'*Herbemont* que je n'arrache pourtant point à cause de ses belles grappes et de son excellent vin (1). Moins fertiles que lui, moins faciles à l'adaptation, les autres *Estivalis* non *Rouillés* devaient suivre son sort, et j'ai de bonne heure renoncé aux *Rouillés*, si vigoureux dans la Drôme, alors qu'ils ne donnent, nulle part chez nous, de bons résultats.

____

(1) Au moment où j'écris (20 novembre) l'*Herbemont*, le *Riparia*, la *Berlandière*, le *Rupestris*, sont encore couverts de feuilles.

Je suis enfin arrivé au *Jacquez !* Je n'ai pas été, certes, le premier à le patronner ; mais, dès que je l'ai connu et vu à l'œuvre, j'ai constaté ses mérites ; c'est après mes excursions d'études que je me suis fait son apôtre et que j'ai écrit et proclamé mon *Delenda Carthago :*

Plantez du Jacquez comme producteur direct.

Mon enthousiasme pour lui ne m'a pourtant pas fait méconnaître ses points faibles et je les recherchais avec ardeur, disant et écrivant partout :

Qu'on me montre un Jacquez (vignoble) malade.

Et proclamant cette vérité :

Le Jacquez réussit presque partout !

De bonne heure, sinon le premier, j'ai constaté qu'il se conduit mal, sans mourir pourtant, dans les craies et les marnes blanches, dans les tufs calcaires d'eau douce, dans les terres fortes qui se crevassent facilement quelque siliceuses et ferrugineuses qu'elles soient, et, malgré d'opiniâtres protestations, j'ai loyalement fait connaître les faits, aucun prétexte ne donnant à personne le droit de dissimuler la vérité. Quels désastres n'aurions-nous pas en effet évités, si le fait des *Clintons* mourants de Méric eut été divulgué en temps opportun !!!

Mais, l'un des premiers cette fois, j'ai signalé la résistance, la vigueur et la facilité d'adaptation du *Riparia sauvage*. Je l'ai prôné de telle manière que ceux qui s'enthousiasment facilement ou qui préfèrent leurs intérêts au bien public, m'ont reproché mes réserves comme un déni de justice pour cet incomparable porte-greffe, alors que les viticulteurs timides me reprochaient mon imprudente hardiesse. Cette contradiction prouve mieux que quoi que ce soit que j'étais dans le vrai.

Mes réserves se fondaient sur des différences de vigueur que j'avais constatées et que je ne pouvais m'expliquer ; mais, quand j'ai pu m'assurer qu'elles ne dépendaient que du changement d'*habitat* des variétés et que plusieurs d'elles se montraient vigoureuses en tous lieux, c'est avec une conviction profonde que j'ai écrit et répété ma 2me proposition :

Plantez et semez des Riparias sauvages comme porte-greffes !!!

Je crois enfin pouvoir réclamer ma part dans l'introduction et dans la diffusion d'une variété, non pas nouvelle, puisqu'elle est presque contemporaine du *Riparia*, mais peu étudiée encore, puisque j'ai tout d'abord été le seul à le signaler : c'est le

Monticola des forêts d'Indianola au Texas.

20 boutures (et non des graines), envoyées par M. Charles Martin sous le nom de *Musthang*, m'avaient été offertes par mon confrère et ami, le docteur P. Vidal, de Gonfaron ; deux seulement poussèrent : je les étudiai. C'est à M. Vidal lui-même et à notre habile et zélé vice-président, mon excellent ami Ganzin, que je le signalai tout d'abord, en même temps que j'affirmais que le prétendu *Post-oack*, récemment

introduit, n'était qu'un *Musthang* à duvet roux et fertile peut-être. Je regardais cette variété comme nouvelle alors, et, comme quelques pieds greffés produisirent des grappes, le docteur Vidal en exposa à Montpellier en 1878, sous le nom de *Vitis Cinerea Davin V*, ce V indiquant un classement à vérifier.

Le premier, j'ai fait connaître ses caractères essentiels et distinctifs et ses qualités de résistance voisine quasi de l'immunité, comme ses côtés faibles, et quelle que soit la valeur scientifique de ceux qui cherchent à me ravir ma modeste paternité, je suis à même de produire des arguments qui établissent victorieusement son état civil.

Laissons enfin de côté ces questions purement scientifiques ; je ne veux aujourd'hui qu'une chose : être utile à ceux qui me liront, m'estimant trop heureux si ce modeste opuscule peut éclairer d'une faible lueur la voie dans laquelle je les ai précédés.

Pignans, ce 20 novembre 1880.

PETIT MANUEL

DE

VITICULTURE AMÉRICAINE.

CHAPITRE Ier.

QUESTION PRÉLIMINAIRE.

Faut-il planter ou semer ?

Je suppose qu'à la suite de ses voyages, de ses études, de ses essais, le viticulteur est convaincu :

1° Qu'aucune variété de vignes de l'ancien monde ne peut résister aux attaques du phylloxera ;

2° Qu'aucun insecticide ne peut arrêter, ralentir même la marche dévorante du terrible aphidien ;

3° Que la vigne américaine, créée avec le phylloxera, doit nécessairement lui résister, puisque, sans ce privilége, l'insecte lui-même aurait disparu depuis longtemps, affamé par la destruction complète du végétal, qui seul le nourrit.

Il est évident que, si cette dernière conviction est bien établie dans son esprit, l'ouvrier énergique commencera immédiatement la lutte en appelant à son secours les variétés américaines qui, bien qu'attaquées par le puceron, soutiennent sans trop faiblir ses assauts, et, par suite, ont reçu le nom de vignes résistantes.

C'est alors que se pose pour lui cette question :

Faut-il planter ? Faut-il semer la vigne ?

Si l'espèce résistante dont il a fait choix est une variété créée par le hasard ou par la culture, c'est-à-dire par la *sélection*, aucun doute ne saurait s'élever.

Reproduire les circonstances naturelles, que nous nommons hasard, et qui ont créé la variété éminemment instable, comme l'indique son nom, est chose impossible, puisque, par l'essence même du mot, ces circonstances toujours fortuites nous sont inconnues.

Se livrer aux soins qui, pendant des années, pendant des siècles même, ont amené l'amélioration qui constitue la variété, est un travail beaucoup trop long pour la crise actuelle.

Ainsi le *Jacques*, variété de l'espèce *Estivalis*, ne

reproduit qu'exceptionnellement le type semé, s'il le reproduit même quelquefois : voilà pourquoi il faudra pour le multiplier avoir recours au bouturage ; car le bouturage n'est que la continuation même du végétal.

Mais si la loi de la perpétuité de l'espèce est indiscutable, au point de vue des espèces naturelles, elle n'est nullement certaine à l'égard des variétés obtenues par le hasard ou le travail, c'est-à-dire artificielles.

Le moins intelligent de nos travailleurs connait les difficultés qu'éprouve le jardinier pour conserver pures les excellentes variétés maraîchères qui font aujourd'hui l'orgueil de nos potagers, et n'ignore pas qu'un arbre greffé reproduit, le plus souvent, non la variété à laquelle appartient le greffon, mais celle à laquelle appartient le porte-greffe ou ses ascendants.

Enfin, un fait banal, c'est que la variété abandonnée à elle-même, c'est-à-dire se ressemant naturellement, repasse plus ou moins rapidement à l'état sauvage.

Le viticulteur devra donc, pour conserver la variété qui réunit les qualités qu'il désire, bouturer, ou, ce qui revient au même, greffer et non semer. Le *Jacquez*, le seul producteur direct sur lequel nous puissions compter dans notre midi méditerranéen, nous l'a surabondamment prouvé. Nous répéterons donc avec plus de conviction, s'il est possible, comme nous le faisons depuis plusieurs années déjà :

Plantez du Jacquez !!!!

Mais, quand il s'agit d'espèces naturelles recueillies simplement dans les champs, sans que la main de l'homme en ait altéré, à son profit, les qualités, la reproduction fidèle du type, par le semis et avec toutes ses qualités intrinsèques, est invariable. Qu'on ne se laisse pas, à ce sujet, bercer d'illusions ! L'*hybridation* est, malgré l'opinion des savants, la variation la plus rare dans la nature ou mieux elle constitue une violation des lois primordiales, et, si l'on veut conserver l'hybride par le semis, la sélection est indispensable.

L'hybride, abandonné aux mains de la nature, c'est-à-dire au semis, se dédouble plus ou moins lentement en ses auteurs et remonte aux types primitifs.

Si, donc, l'on trouve dans les forêts ou ailleurs, mais à l'état naturel, des espèces réfractaires au phylloxera, le semis sera un moyen de multiplication aussi rapide que fidèle.

Le *Riparia*, avec ses innombrables variétés, dues bien plus à l'habitat différent qu'à l'hybridation, est, jusqu'à ce jour, le meilleur des porte-greffes; c'est pourquoi, à mon ancien *delenda Carthago :*

Greffez les Riparia !

J'ajouterai avec une conviction profonde, en ce moment :

Semez des Riparia pour les greffer !

Il y a bien quelques autres variétés plus chaudement recommandées par ceux qui en ont à vendre ; mais le *Solonis*, la première d'entr'elles, est-il bien une espèce ? Non ! parce que le semis donne pour *lui des variétés* qui, bien qu'ayant toutes des airs de famille, diffèrent essentiellement pour la vigueur et la rusticité. On peut aussi, à ce propos, se demander si le *Solonis* a jamais existé à l'état sauvage, bien que je croie avoir des données presque certaines sur son habitat.

La reproduction du *Yorck's*, qui est une variété améliorée, offre tous les inconvénients de la tâche originelle : elle est des plus infidèles ; la facilité de reprise de ses boutures le ferait cependant accepter sans difficulté, s'il offrait un peu plus de vigueur, et si, comme le *Clinton Vialla*, dont je ne dis rien à dessein, il ne s'adaptait moins facilement aux sols que les premiers.

Maintenant que nous savons qu'on peut , avec certaines précautions , et planter et greffer, nous passerons à un autre paragraphe, que nous intitulerons : *Choix des Boutures et des Graines.*

CHAPITRE II.

DES PLANTS SOUS TOUS LEURS POINTS DE VUES.

§ 1er.— *Boutures en général.— Boutures franches.— Boutures racinées.— Boutures provenant de greffes.—Les Boutures cueillies sur pieds francs ont-elles toutes la même valeur ? — Crossettes. — Boutures ordinaires.— Brindilles.— Barbées.— Marcottes.*

Puisque nous savons actuellement que nous pouvons , pour la reconstitution de nos vignobles, employer ou le bouturage, ou le semis et quelquefois, pour aller plus rapidement , les deux procédés à la fois , nous devons nous occuper du choix de la bouture et de la graine.

Des diverses Boutures : La bouture est dite franche

quand elle est plantée telle qu'elle est coupée sur le pied même et immédiatement.

Le plant raciné ou *barbée* n'est que la même bouture, après que, ayant passé une saison en pépinière, elle est plantée munie de ses racines. Ainsi *barbée* est synonyme de *plant raciné*, et le plant raciné n'est qu'une bouture munie de racines.

La bouture franche peut avoir été cueillie sur un pied qui a été planté directement, ou pied franc lui-même, ou sur une greffe pratiquée sur un pied étranger à l'espèce désirée, qu'on appelle le porte-greffe.

La bouture, quelle qu'elle soit, n'est que la continuation du pied dont elle partage les avantages et les inconvénients.

L'opération de la greffe imprime, en outre, au greffon et à ses descendants une modification profonde, radicale, que la physiologie est incapable d'expliquer et dont nous reparlerons à propos de la graine.

La bouture, provenant de greffon, subit aussi des modifications mécaniques, dont l'explication est plus facile.

Le premier résultat de l'opération du greffage, c'est de rajeunir le vieux pied, de lui communiquer plus de vigueur par le recepage qui supprime la tête du cep, c'est-à-dire cette partie dans laquelle la sève circule plus difficilement, à cause des nombreuses cicatrices amenées par la taille annuelle, comme aussi à cause de la direction plus ou moins horizontale donnée aux bras. Le produit du greffon profite de ce surcroît de vigueur, ses bois sont plus aqueux, moins nourris, ils mûrissent ou, comme l'on dit, *aoûtent* plus difficilement, plus imparfaitement, quelquefois pas du tout ; ils possèdent l'expansion de la jeunesse, sans montrer la rusticité de l'âge mûr; ils sont, en conséquence, plus exposés à l'effet des gelées. Tels sont les phénomènes qui se produisent la première année. Si le porte-greffe n'est pas atteint du phylloxera, ces inconvénients disparaissent dès que l'équilibre est rétabli ; mais, quand la greffe a été opérée sur un pied fortement attaqué déjà, il arrive souvent que la décrépitude phylloxérique, facile à reconnaître à la pousse en épées, c'est-à-dire aux sarments écourtés, presque coniques, à l'extrémité redressée en baïonnette et morte, arrive avant le rétablissement de cet équilibre, et les boutures, provenant de ces pieds, doivent être proscrites entièrement, si l'on ne veut éprouver les plus cruelles déceptions.

Mais les boutures provenant d'une greffe vigoureuse, quoique douées d'une moindre densité, ne doivent nullement être dédaignées ; car, si le *Jacquez* reprend difficilement à cause de la densité, de la dureté de son bois, les qualités contraires doivent assurer sa réussite. Je puis citer, non pas un, mais vingt propriétaires qui, comme moi, ont planté plus de boutures provenant de greffes, que de toutes autres, et dont les plantations, comme les miennes, ne souffrent pas de rivales ; ceux qui montrent des plants de *Jacquez* souffreteux, parce qu'ils proviennent de boutures coupées sur pieds greffés, oublient malicieusement de dire qu'ils ne sont constitués que par de vieux greffons racinés, détachés *in extremis* de porte-greffes mourants : C'est très-habile, mais **peu** loyal !!!

Une chose incontestable, c'est que la bouture, une fois reprise, le plus malin est incapable de dire si elle provient d'une greffe ou d'un pied franc.

Ici vient, naturellement, se poser cette question : *Les boutures, même coupées sur pieds francs, ont-elles toutes la même valeur ?*

La bouture peut être constituée soit par le talon du sarment, soit par la partie médiane, soit par l'extrémité ou pointe.

Crossette. — Lorsque la bouture, provenant du

talon, porte le chicot desséché de la taille précédente,
elle est appelée *crossette*, à cause de sa forme en
crosse ; ce chicot est plus nuisible qu'utile à la bouture ; mais il avait été adopté par nos pères comme
mesure de sûreté, et je l'emploie moi-même, quand
je le puis ; la bouture ainsi constituée, étant, une fois
plantée, beaucoup plus difficile à arracher pour la
voler ; hors ce cas, si le chicot n'est pas nuisible, il
n'a, au moins, aucune valeur.

Quelques personnes ont, cependant, constaté sur
des boutures pareilles une facilité de reprise plus
grande, ce qui est dû, non au chicot mort, mais au
talon.

Boutures ordinaires.—Au talon, le sarment, mieux
lignifié, offre une densité plus grande; les œils,
source la plus abondante de racines, sont plus rapprochés ; le diamètre est plus grand ; il n'est donc
pas étonnant que l'épaisseur de l'écorce protège efficacement ces boutures dans les années humides et
que la sève, accumulée en plus grande quantité dans
un bois de diamètre plus grand, les empêche de périr
dans les années sèches.

Nous verrons, d'ailleurs, que c'est à tort qu'on at-
tribue à ces causes : sécheresse ou humidité exces-

sives, les insuccès déplorables que nous ont donnés certaines années et certaines variétés de terres.

Les boutures tirées de la partie moyenne du sarment sont excellentes pour la plantation directe, mais ne sont pas toujours aussi bonnes pour la pépinière ; elles sont, pourtant, préférables pour le greffage.

Les œils, dans cette variété, sont généralement plus écartés que dans les deux précédentes ; une fois plantées, on peut, avec un peu plus de soin et un binage plus profond, supprimer facilement les verticilles de racines qui se développent presque certainement autour de chaque œil enfoui et ne laisser intact que le nœud inférieur ; opération qui, dans les sols sujets à se crevasser, offre plus de sécurité contre les attaques du phylloxera ; tandis que, dans les sols profonds, en ne laissant que les racines les plus éloignées de la terre, elle met plus rapidement le jeune plant à l'abri de la sécheresse et des intempéries atmosphériques.

On conçoit aussi que ces mérithalles allongés permettent de recouvrir la greffe, dès qu'elle est exécutée, d'une quantité de terre telle que, quelque légère qu'elle soit, quelque forte que soit la gelée, l'œil inférieur sera toujours à l'abri, au moins dans nos climats.

Mais cette longueur du mérithalle a un inconvénient majeur pour les boutures fournies par le commerce ; quoique, pour notre compte, nous les coupions longues de 0,50 entre les nœuds extrêmes, demandées au commerce, elles ont souvent, 10, 15 et 20 centimètres de bois au-delà de ces nœuds, et sur cette longueur ne portent que trois œils et quelquefois même deux seulement ; de là impossibilité presque d'en faire deux brindilles de pépinière.

Les boutures de l'extrémité du sarment ont plus d'inconvénients encore : leur gracilité même les expose au dessèchement **avant** leur reprise ; une partie de la bouture est, souvent encore, verte quand arrive la première gelée ; le bois non aoûté rougit alors et est frappé de mort, et, comme il offre la même couleur que le reste du sarment, il faut un œil très-exercé pour le distinguer ou une main très-habile et très-expérimentée pour l'apprécier par la densité relative.

Brindilles. — Lors de la cherté du bois, les plus petites brindilles ont été utilisées pour la pépinière, et Dieu sait avec quel triste succès ! mais, ces brindilles doivent être absolument rejetées, dès que le bois a notablement diminué de valeur, car elles ne paient plus les travaux et les soins qu'elles exigent.

Maintenant que nous avons étudié les boutures franches, nous devons passer aux boutures racinées ou *barbées*.

La *barbée* n'est qu'une bouture ordinaire qui a passé, avant la plantation, une année en terre, soit séparée du pied mère, et alors c'est une *bouture racinée*, soit attenante encore au pied nourricier, c'est alors une *marcotte*.

Y a-t-il similitude absolue entre ces deux variétés de plants racinés ? Y a-t-il, au contraire, une différence radicale ? Une *barbée* est quelquefois si bien pourvue de racines, qu'il est très-difficile, même avec la plus grande attention, de dire si l'on a sous les yeux un plant de semis ou un raciné ; ce doute ne peut subsister pour la marcotte; car la marcotte d'hiver, qui est de beaucoup la plus parfaite, pour bien enracinée qu'elle soit, présente toujours un axe central terminé par une surface très-apparente et récemment coupée qui ne peut laisser aucune incertitude.

Il est évident qu'entre une *barbée* vigoureuse et une *marcotte*, la plus vigoureuse même, la différence est énorme ; dans la *barbée* véritable , les racines sont toujours excessivement nombreuses relativement à la bouture qui lui sert de charpente et beaucoup plus fortes aussi ; elle est donc infiniment préférable à la marcotte sous le rapport de la vigueur et de la végétation ; mais à mesure que la vigueur de celle-ci diminue, elle se rapproche beaucoup de la marcotte , à tel point que l'on peut trouver des *marcottes* préférables à certaines *barbées ;* en thèse générale, pourtant, une mauvaise *barbée* est préférable à une bonne *marcotte.* Dans la *barbée,* en effet , les racines se développent sur une tige perpendiculaire, à l'extrémité de cette tige, toujours à une profondeur plus ou moins grande et par conséquent plus abritées contre le phylloxera. Dans la marcotte , au contraire, les racines se développent sur un cylindre horizontal toujours plus ou moins superficiel, et ces racines participent malheureusement aux inconvénients des racines superficielles auxquelles donnent naissance soit la sève d'août, soit la fumure abondante, qui toutes, à quelque catégorie résistante qu'elles appartiennent, sont dévorées et le plus souvent détruites par le phylloxera. Aussi on demande deux choses aux barbées véritables : *la certitude de la reprise et une grande rigueur ;* tandis qu'il ne faut demander aux marcottes, et surtout aux marcottes d'été, que ce qu'elles peuvent donner, c'est-à-dire *la certitude de la reprise.* Mais nous compléterons l'étude de leurs qualités à un autre propos, passons actuellement à la graine.

§. 2. *De la graine.—Choix de la graine.— Influence de l'Atavisme. — Influence de l'hybridation. — Hybridation naturelle. — Hybridation artificielle.— Les producteurs de graines.*

Choix de la graine.— *La graine,* qu'il ne faut pas confondre avec le fruit, est le but final de toute végétation : c'est l'organe que la prévoyante nature a chargé d'assurer la perpétuité de l'espèce, soit en reproduisant exactement le type, soit en ramenant successivement à ce type les variétés qui s'en écartent.

Le type peut ne pas exister ou ne pas être connu. Il peut être une espèce naturelle ou une abstraction scientifique. Comme espèce naturelle, il doit réunir tous les caractères communs aux espèces de la même famille, qui ne diffèrent alors entre elles que par un ou plusieurs signes distinctifs. Si, au contraire, le type n'est qu'une abstraction scientifique, c'est un être imaginaire sur lequel on réunit toutes les qualités dont nous parlons, laissant de côté les caractères distinctifs de chaque espèce.

Scientifiquement, l'espèce est constituée par une variété distincte du type, mais qui, semée sans soins, c'est-à-dire naturellement, se reproduit sans altération. Tandis que la variété, semée, ne se reproduit identiquement qu'en assurant certains détails, dont nous parlerons plus bas.

Nous reconnaissons donc que l'espèce peut, par le *semis*, donner des produits qui ne lui ressemblent pas, c'est-à-dire qui varient en prenant le nom de variété.

Les variations de l'espèce sont dues à des causes naturelles ou à des causes accidentelles ou artificielles. Les causes naturelles sont les climats et les sols. Les causes artificielles sont la culture et l'hybridation.

Mille causes peuvent encore altérer les caractères d'un végétal croissant même à l'état naturel, selon qu'il habite un lieu sec ou humide, les berges ou les bords d'une rivière, les montagnes ou la plaine, etc., etc. Mais les variétés ainsi obtenues constituent réel-

lement des espèces, puisque, placées dans des conditions identiques qui sont bien connues, elles se reproduisent intégralement.

On conçoit, pourtant, qu'entre l'espèce qui croît dans
l'eau et celle qui couvre le sommet des montagnes
desséchées, il puisse y avoir et, en grand nombre,
des variétés de transition dont il sera bien difficile de
déterminer la place, et c'est ce qui nous arrive pour
les *Riparia* dont toutes les formes sont également
résistantes, mais qui présentent plus ou moins de
vigueur, selon qu'elles sont plus ou moins adaptées
à la localité où l'on expérimente. De sorte que la
question de *résistance* se double toujours de la question d'*adaptation*, distinction bien inutile en pratique,
puisque, si l'un des deux termes manque, le second
devient superflu.

La culture est, depuis quelque temps, une cause
des plus puissantes de variation; les exemples les
plus frappants nous en sont fournis, chaque jour,
par les espèces maraîchères. Chacun sait, en
effet, la distance qui sépare la *laitue vireuse*, type
sauvage, de l'énorme *laitue Batavia*, type cultivé ;
l'âpre et nauséabond poirier sauvage, du succulent
beurré-clairgeau. Beaucoup de variétés maraîchères

se reproduisent pourtant de semis de la manière la plus fidèle, mais ce n'est que par la sélection, c'est-à-dire, en choisissant dans les variétés améliorées celles qui présentent les qualités qu'on recherche le plus, que l'homme a créé la variété, et on dit que celle-ci est fixée, lorsqu'en continuant les soins culturaux et en pratiquant la sélection, on arrive, à de rares exceptions près, à reproduire le pied qui a donné la graine; mais, en dehors de la culture et de la sélection, ou, la variété fixée est étouffée par les végétations parasites qui l'entourent, ou, elle perd tout à coup, ou de génération en génération, les avantages que l'homme avait réunis en elle.

Une des causes les plus puissantes d'altération, c'est l'*atavisme* et l'*hybridation*.

L'*atavisme* est le résultat de la greffe. Il ne confond pas le caractère de deux variétés voisines; mais il peut reproduire toutes les variétés qui se retrouvent dans l'*ascendance* du *Porte-greffe* et du *Greffon*. Ainsi, c'est grandement à tort qu'on a l'habitude de dire que l'opération du greffage ne modifie nullement soit la greffe, soit le greffon. Physiquement, rien de plus vrai : coupez le *sujet* (c'est ainsi que s'appelle le porte-greffe), au dessous de la soudure du *greffon*, vous

verrez aussitôt repousser l'ancien pied , et les graines
que donnera la nouvelle pousse le reproduiront infailliblement si, par lui ou par ses ascendants , il n'a
jamais été greffé ; mais plantez une bouture détachée
du greffon, vous ne reproduirez par le semis des graines qu'il donnera que rarement celui-ci, mais le plus
souvent les variétés qui entrent dans l'ascendance du
greffon , d'autant plus nombreuses que le sujet et la
greffe auront antérieurement été greffés plus de fois.

Ce fait est tellement connu de nos paysans, qu'en
demandant aux pépinièristes des arbres pour leurs
plantations, ils exigent des pieds greffés ; ils choisis-
sent ceux qui portent la trace encore apparente de
l'opération , et que de nombreux procès ont été inten-
tés pour livraison de pieds de semis au lieu de pieds
greffés !

De l'atavisme. — Cette propriété , que possèdent
les graines de pieds greffés de reproduire l'un quelconque des ascendants ou aïeux (*atavi*) de l'un des
deux pieds unis par la greffe , a reçu le nom d'*Atavisme*.

Mais puisque le sujet, séparé de la greffe, continue
à reproduire exactement son type par le semis , c'est
que, malgré l'échange des sèves, la sienne propre n'a

pas été altérée , alors que celle du greffon a été souillée d'une tache indélébile.

La séparation, entre le pied souillé et le pied vierge, se fait au point mathématique de la soudure ; elle est des plus faciles à constater quand les bois sont de couleurs différentes et peut être reconnue même après de longues années, par l'étude de l'anatomie des vaisseaux et des fibres : mais les botanistes les plus célèbres sont impuissants à l'expliquer et , pour ne pas le faire, trouvent plus commode de n'en pas parler du tout.

C'est l'*atavisme* qui explique la diversité des formes obtenues par le semis de *Jacquez* et des autres variétés cultivées.

Une cause bien plus puissante encore de variation , c'est l'*hybridation*.

De l'hybridation. — L'*hybridation* consiste à marier deux variétés différentes. Elle peut être naturelle ou artificielle.

L'*hybridation naturelle* s'opère soit par l'effet des vents qui emportent au loin le pollen pulvérulent de certaines variétés, soit par l'intervention des insectes qui le transportent d'une fleur à l'autre, soit enfin par une foule d'autres causes indépendantes de la volonté humaine et qu'il est inutile d'énumérer. Mais , quoiqu'on en dise et quoiqu'elle serve d'excuse à l'ignorance de certains savants , quand ils sont à bout d'explications , la constitution intime des fleurs de la vigne , si elle ne la rend pas impossible , rend cette altération très-rare du moins.

L'hybridation artificielle est, au contraire, une opération de l'intelligence humaine. Elle rend à l'homme les plus grands services , et les Américains nous ont de beaucoup devancés dans cette voie.

Mais *l'hybride* semé ne se reproduit pas à coup sûr. Je m'en suis assuré par l'expérimentation directe, comme je l'ai fait pour les pieds greffés et non greffés, et je suis persuadé que l'hybride perd, à chaque génération , quelques-uns de ses caractères pour retourner tôt ou tard à ses parents. C'est ce que l'expérience confirmera plus tard ; car , il faut l'avouer , nos savants sont en retard sur ce point.

Nous connaissons maintenant les conditions qu'il faut réunir pour que la graine reproduise fidèlement les caractères du pied qui l'a fournie.

Les producteurs de graines.— *Toute graine provenant d'un pied amélioré au point de vue de l'homme, c'est-à-dire, dénaturée par la culture, l'hybridation,* *la sélection, doit être rejetée ; c'est dire qu'on ne doit attendre de résultat certain qu'en cueillant ces graines sur des pieds à l'état sauvage et dans leur habitat particulier.*

Il n'y a aucune raison pour se méfier des variétés locales ; mais leur *habitat* particulier étant signalé, il faut leur en donner, autant que possible, un pareil.

Le *Riparia* est le porte-greffe dont on peut le plus facilement se procurer les graines en Amérique. Si, comme on l'a dit, le *Solonis* existe à l'état sauvage, à Indianola, nous n'avons pu nous procurer des graines de cette provenance, et celles que nous avons semées nous ont donné des résultats bien différents sous le rapport du développement et surtout de l'adaptation.

Le *Cordifolia sauvage*, qui se reproduit identiquement de semis, est trop loin de la vigueur et de la facilité de reprise des précédents pour devenir leurs rivaux, et la *Berlandière* de M. Planchon, dont le premier j'ai constaté la difficulté de reprise et la résistance absolue, mériterait (si, comme je le pense, c'est le *Monticola Sylvestris*), d'être propagée à cause du nombre et de la beauté de ses grappes, si je n'avais à faire sur elle des réserves auxquelles M. Planchon s'attend peu. Je passe enfin au *Cinerea*. Il lève parfaitement de semis, mais je le trouve bien faible ; je vais le planter dans des terrains inondés, comme me l'a conseillé le professeur Millardet, et le patronnerai, s'il y a lieu.

Il est maintenant inutile de répéter qu'il faut rejeter impitoyablement toutes les graines des variétés cultivées : *Æsticalis Rouillés et autres*, *Elvira*, *York's*, dont l'amélioration n'a été obtenue que par la culture ou par l'*hybridation*. Nous allons donc, dans une étude subséquente, nous occuper des moyens de nous procurer des graines et boutures ce que nous nommons :

§ 3.— *Récolte des Graines.— Récolte des Boutures.— Taille.*

Nous savons, actuellement, quelles qualités doivent réunir les graines et les boutures, il faut donc songer aux moyens de nous les procurer avec toutes ces qualités, et, comme le sujet est plus vite épuisé, nous commencerons par les graines.

Récolte des graines.— C'est là un sujet moins intéressant pour nous qu'il ne parait l'être d'abord, car il nous sera facile de prouver que les graines récoltées en Amérique offrent presque toujours plus de sécurité que celles que l'on peut récolter en France.

Nous avons, en effet, cueilli nous-même et en assez grande quantité, des graines de *Riparia* provenant de greffes sur pied français, et, de leur semis, nous avons obtenu les plus étranges produits. Il faut donc, avant tout, s'assurer que le pied sur lequel on récolte n'est ni une greffe ni un pied venu d'une bouture qui aura été greffée dans l'individualité de l'un de ses ascendants; et, comme nos vignes nouvelles ne possèdent pas d'*état-civil*, cette constatation est presque impossible, si l'on a pas suivi le pied depuis son origine jusqu'à ce jour, ou si l'on n'a pas, par un semis d'épreuves, constaté que la graine que l'on possède reproduit son propre type; comme enfin nous n'employons le semis que pour aller plus vite, le temps nous manque le plus souvent pour cette constatation; il est néanmoins évident que, quand on aura une certitude absolue, récolter soi-même et chez soi sera de beaucoup préférable.

Une autre cause de variation, beaucoup moins à redouter pourtant, comme nous l'avons déjà dit, c'est l'*hybridation par voisinage*. Nous plantons ici nos variétés américaines à côté, quelquefois au milieu des vignes françaises, souvent même entremêlées avec

elles et presque toujours, ce qui est plus dangereux ,
une foule de variétés américaines confondues côte à
côte; et quoique , nous le répétons , la constitution
singulière de la fleur de la vigne rende l'hybridation
très-difficile , le hasard peut faire ce que l'homme
n'exécute qu'avec des soins minutieux et souvent sans
succès.

Ce phénomène peut , il est vrai , se reproduire en
Amérique , mais il y est beaucoup moins à redouter ,
chaque variété occupant son habitat particulier et
chaque zone ne nourrissant que peu d'espèces sauvages distinctes. Là, aussi, la prévoyante nature a créé
une foule de pieds mâles , de telle sorte que le pollen
ne fait jamais défaut, d'où il suit que les accouple-
ments monstrueux ou contre nature y sont infiniment
rares.

C'est, donc, l'Amérique, surtout, qui nous enverra
nos *graines* jusqu'au moment où nos pieds primitivement semés nous donneront des récoltes qui nous
mettront à l'abri des fournisseurs de mauvaise foi ,
qui ne manquent pas plus en Amérique qu'en France.

Ce n'est jamais un mal de laisser la *graine* mûrir
parfaitement sur pied avant de la récolter ; quand la
vigne a perdu ses feuilles , les grappes et grapillons

apparaissent plus facilement; la récolte est plus facile aussi et, la végétation ayant parcouru toutes ses phases, la maturité est plus parfaite assurément.

Le raisin, une fois cueilli, sera desséché naturellement sur des claies, et on ne renfermera les fruits dans des sacs en toile ou dans des boites, pour les mettre à l'abri des rongeurs, qui en sont très-friands, que quand la dessication sera parfaite; ainsi traitée et pourvu qu'on la mette à l'abri de l'humidité, la *graine* conserve plus d'une année sa faculté germinative.

Quelquefois, pourtant, on peut, pour un motif quelconque, toujours peu sérieux quand il s'agit de variétés sauvages, vouloir utiliser les graines après leur fermentation. Ce procédé n'offre aucun inconvénient, mais traitées, ainsi, elles se dessèchent plus promptement et perdent, bien plus tôt, leur vitalité.

Le meilleur moyen de se les procurer, consiste à écraser les grains et à laisser fermenter le jus pour détruire le principe visqueux du moût; quand la fermentation est terminée, on sépare, si on ne l'a déjà fait, les râfles des graines, puis un courant d'eau entraîne pulpe et pellicules, et laisse le pépin très-net.

Cette opération, dont nous ne voyons pas la néces-

sité au moment de la récolte, est, au contraire, très-
utile pour les graines conservées dans leur pulpe, et
je l'ai employée avec le plus grand succès au moment
du semis, car elle hâte la levée de la graine, et j'ai
remarqué que, quand les semis lèvent avec facilité et
en masse, on n'éprouve consécutivement, presque
aucune perte, alors qu'une levée paresseuse amène
souvent des catastrophes. Semées simultanément et
comparativement, les variétés américaines lèvent
plus difficilement et plus lentement que les nôtres ;
si les semis ont été faits trop tôt, les plants levés,
manquant de chaleur, s'étiolent et disparaissent alors
qu'ils réussissent parfaitement plus tard.

Nous n'avons point à nous occuper, ici, des soins
culturaux qui sont indiqués ailleurs, nous continue-
rons l'étude de la *graine* elle-même, sous un autre
point de vue.

On ne peut, encore, dans les circonstances actuel-
les, semer la graine des espèces cultivées avec l'es-
poir d'en obtenir des variétés nouvelles, améliorées au
point de vue de l'homme et plus propres à la reconstitution de nos vignobles. Ceux qui ont essayé de
perfectionner les végétaux, mais la vigne surtout,
par le semis, savent ce qu'il en est, et ceux qui ne le

savent pas , n'ont qu'à s'adresser à l'honorable M. Bouschet de Bernard , qui leur contera que la vie de deux générations de sa famille s'est usée pour trouver ou pour fabriquer les excellents hybrides qui portent, à juste titre, son nom.

Les espèces sauvages ou naturelles peuvent , au contraire , être semées avec avantage ; mais il faut , pour ne pas s'exposer à des écoles désastreuses , faire, avant tout, un choix raisonné.

§ 3. *Récolte des graines.—Producteurs de graines.— La Berlandière.—Récolte des Boutures.—Taille.*

Producteurs de Graines. — Depuis plusieurs années , déjà, les *Riparia* ont fait leurs preuves ; ils se sont montrés, partout, les plus résistants et les plus faciles à l'adaptation. On peut se procurer leurs graines en Amérique facilement et à un prix raisonnable. Elles lèvent avec une merveilleuse facilité et , semées dans de bons fonds à une distance et avec une culture convenables , elles donnent , quelquefois , dès la première années , des plants racinés propres à recevoir la greffe anglaise. On doit, cependant, quand on en demande , s'informer avec soin de l'habitat des variétés que l'on vous expédie, pour ne pas s'exposer à planter, dans les fonds humides des marais, les variétés qui croissent naturellement sur les côteaux desséchés ou, sur les sommets arides, celles qui prospèrent dans les brouillards près du bord des fleuves.

Aucun *Riparia* ne meurt ni du phylloxera, ni de l'adaptation; seulement le pied reste plus faible quand il est placé dans un habitat contre nature. Ceux qui meurent sont de prétendus *Riparia*, obtenus de graines cueillies sur greffes de pieds français ou mal déterminés. C'est ainsi que j'ai des *Riparia* Guiraud, dont la provenance devait me garantir l'authenticité, qui ne sont pourtant autres que des hybrides d'Allen's à jolis fruits blancs, à goût agréablement musqué et qui meurent comme tous les hybrides de *Vinifera*. Je possède encore, de même provenance, une *Labrusca* blanche que M. Planchon qualifie de *Monticola*, parce qu'il l'a reçue sous ce nom du jardin de Bordeaux, mais qui possède tous les caractères des vraies *Labrusca*.

Pour faire connaitre la difficulté des déterminations et la prudence que l'on doit garder dans l'affirmation de la résistance ou de la non résistance, je n'aurais besoin de citer que les nombreuses erreurs, à ce sujet, du savant professeur qui , à ce qu'il parait, avait négligé, lors de l'exposition de Montpellier, de consulter *l'herbier de Berlandier*, puisqu'il ne reconnut pas alors ma *Berlandière*, exposée par M. le docteur P. Vidal, de Gonfaron (feuilles et fruits), sous le nom de Vitis Cinerea Davin V, le V, mis en vedette , indiquant que cette variété devait être placée parmi les Incert.e Sedis et ultérieurement étudiée.

Passons , pour revenir à notre sujet, aux *Cordifolia :* ils étaient, autrefois, confondus avec les *Riparia* par M. Planchon lui-même ; ils en diffèrent, pourtant, par une qualité essentielle , très-importante au point de vue pratique : ils reprennent très-difficilement de boutures. Ils ne sont pas, en conséquence, aussi communs dans nos cultures que les *Riparia;* ils n'ont point, comme ceux-ci, fait, déjà, leurs preuves, et, alors qu'on les dit si beaux et si puissants en Amérique, où ils coiffent la tête des arbres les plus élevés, ils se montrent, en France, d'une faiblesse désespérante, à côté, même, de *Riparia* splendides et entremêlés avec eux. Il est très-probable que les éloges que les auteurs américains font des *Cordifolia* sont dus à des *Riparia* confondus avec eux ; mais si, comme on le dit, leur pouvoir de résistance est supérieur, encore, à celui de leurs congénères, ce que je regarde comme très-difficile, leurs graines levant facilement, nous devons les essayer.

Plus faibles, encore, se montrent les *Æstivalis sauvages*; aussi ne les conseillerons-nous pas; les *Rupestris* promettent beaucoup, mais ils sont relativement nouveaux et nous devons les voir à l'œuvre.

La Berlandière. — Pourquoi ne parlerais-je pas, enfin, de mon *Coriacea : La Berlandière*, du savant professeur Planchon ? car, si le professeur de Montpellier a tenu à honneur d'être son parrain, honneur que je ne lui conteste pas, c'est un peu moi qui suis son père. C'est moi qui ai déclaré que le *Montain's Surret*, de M. Douysset, était un barbarisme, bien que l'école l'eût adopté, et devait être remplacé par *Montain's Sweet*, nullement applicable à ma vigne, qui n'était ni *Montain's* ni *Sweet*, mais très-probablement au *Rupestris*, car *Sugar-Grappe*, *vigne à sucre* et *Montain's Sweet*, sucre de montagne, se ressemblent, il faut l'avouer, étrangement.

Si la Berlandière ne peut être appelée *vigne à sucre* ou *Montain's Sweet*, si le *Monticola* n'est pas la vigne que Durieu de Maison-Neuve appela ainsi par erreur, puisque le prétendu *Monticola* de Bordeaux n'est qu'une *Labrusca* : notre *Berlandière* ne serait-elle pas ce *Monticola* des savants ? Laissons-leur le soin de débrouiller cet écheveau qu'embrouille chaque jour leur amour-propre déplacé ! Le vigneron n'a que faire de cette distinction ; il lui suffit de connaitre les qualités de ce qu'on lui prône.

Le *Coriacea* (que mes travailleurs appellent la *vigne à feuilles de violettiers* comme ils appellent le *Rupestris* la *vigne à pousses d'abricotiers*), est facile à reconnaitre. J'avais, dans une note, publiée par la *Vigne Américaine*, établi les points saillants de sa diagnose continuée par le savant professeur Planchon ; mais j'ai quelques modifications à apporter à ces premières études. Les deux pieds francs, que je possède, ont, à leur 4ᵉ feuille, un développement qui ne le cède nullement à celui des *Riparia*, et cela à côté de *Solonis* en assez mauvais état. Leurs sarments trop grêles et trop flexibles, lorsqu'ils sont encore herbacés, craignent non-seulement le vent, mais le moindre hâle qui flétrit et détruit leurs extrémités et souvent même une grande partie du sarment ; mais en revanche, leur entrée en végétation est tardive.

Contrairement à ce qu'on a cru et constaté d'abord, c'est la plus fertile des vignes sauvages que nous connaissions. Elle pourrait même être cultivées pour son vin, de préférence à l'*York's Madeira*, car elle donne autant que lui, et la saveur de son fruit n'est nullement foxée, *ce qui en fait un Æstivalis*. Nous ne la conseillons pourtant pas comme producteur direct, mais comme moyen rapide de multiplication par semis. Chaque baie contient, en effet, deux énormes graines fortement accolées, qui reproduisent chez moi le pied-mère de la manière la plus invariable, je me propose d'en faire des semis, non à cause de sa vigueur à la première année, car elle est bien pauvre à cet égard, mais à cause de son insigne résistance au phylloxera qu'on ne rencontre que rarement sus ses racines, et si elle accepte, comme j'en suis persuadé, facilement la greffe, je me ferai un devoir de la multiplier, comme je me suis fait un devoir de distribuer ses boutures ou ses racinés peu nombreux, (car sa reprise est très-difficile), à mes savants confrères en viticulture.

Le *Cinerea* de semis m'a donné une levée des plus satisfaisantes, mais il ne brille guère aussi par sa vigueur à côté des puissants *Riparia* ses voisins.

Nous savons, maintenant, comment nous pouvons nous procurer les graines ou les récolter. Leur conservation ne consiste, comme nous l'avons dit, qu'à serrer les sacs ou les caisses qui les auront reçues, dans un lieu sec jusqu'au moment du semis. Dès lors nous devons nous occuper de la récolte des boutures.

Récolte des Boutures. — Récolter les marcottes et les racinés, c'est-à-dire les extraire du sol, les arracher n'est généralement pas indispensable dans nos climats où la rigueur des hivers n'attaque presque jamais la vitalité des plants. Nous avons eu, cependant, à la fin de l'année passée et au commencement de l'année présente, un abaissement de température tel que l'arrachement des *Racinés* et surtout des *Marcottes d'été*, peut devenir, si ces accidents se renouvellent; une mesure de prudence qui forcera à les mettre à l'abri avant les grandes gelées, c'est-à-dire vers le milieu ou la fin de novembre.

La cause opposée peut nous amener au même travail, surtout quand il s'agit de *Riparia*. A la fin de l'hiver, la température s'adoucit, en effet, quelquefois d'une manière si insolite chez nous qu'un printemps anticipé fait pousser ces boutures à une époque où elles doivent nécessairement être détruites par les regains de froid inévitables dans ces circonstances. Le meilleur moyen d'arrêter, alors, cette végétation intempestive, c'est de les arracher et de les stratifier comme les boutures simples. On peut cependant éviter, le plus souvent, ce travail, dans les terrains légers et même dans des terres fortes, en taillant, sur ces plants, les bois de l'année de bonne heure et en les recouvrant, ce qui est facile alors, d'une bonne couche de terre qui retarde la végétation et permet de ne les arracher qu'aux fur et mesure du besoin et d'éviter ainsi un double travail.

De la Taille. — La récolte des boutures se résume dans la taille ; mais nous ne nous occuperons ici de cette opération qu'au point de vue de la récolte de la bouture.

Ayant dit déjà ce qui doit déterminer le choix de la bouture, nous ne nous occuperons que de l'époque de la taille.

Que l'on veuille planter de bonne heure, en automne, ce qui est faisable et avantageux dans certaines circonstances, mais jamais prudent ; que l'on veuille planter, au contraire, du milieu presque jusque vers la fin du printemps, on doit tailler de bonne heure.

La taille doit, en règle générale, être pratiquée dès que les premières gelées ont fait tomber les feuilles en majeure partie. On détache alors facilement du sarment celles qui restent, ce qui prouve que la végétation ayant cessé, celui-ci ne se nourrit plus.

On sépare aisément, en ce moment, les parties du sarment qui ne sont pas suffisamment mûres, qu'elles soient vertes, que leur écorce soit encore turgescente et comme vernie, ou leurs œils ou bourgeons gonflés et herbacés.

Ce triage devient la chose du monde la plus difficile quand les grands froids ont exercé leur action sur les sarments ; car, outre les parties vertes que la gelée a rendues noires et qui sont facilement reconnaissables, le sarment contient des portions mal ou incomplètement mûries qu'il est très-difficile de ne pas laisser échapper, même en considérant la couleur qui est plus terne, la densité relative qui est moindre et qu'une main exercée peut seule pourtant apprécier, enfin, la température du bois qui révèle au praticien consommé la différence entre la vie ou la mort, mais que 99 personnes sur 100 sont incapables d'apprécier.

Dans ces conditions, le *Jacques* est celui pour lequel l'erreur est la moins facile ; mais les chances augmentent incroyablement quand il s'agit de *Riparia* ou de *Solonis*.

Les pieds vigoureux, les greffes à leur première année sont entre tous celles qui réunissent, pour cette cause, le plus de chances d'erreurs, et l'on peut, avec raison, dire que la diversité et, souvent même, la contradiction apparente des résultats obtenus par les divers expérimentateurs est, presque en totalité, due à cette cause.

Je vais même plus loin : on peut, sans incon.énient, dans nos pays, tailler vers la fin de septembre, c'est-à-dire après la maturité du raisin. On perd, il est vrai, en agissant ainsi, quelqnes boutures qui mûriraient encore suffisamment, mais la quantité de reprises n'en est pas diminué, tant s'en faut, et la vigueur de ces reprises en est augmentée, et c'est ce que nous expliquerons plus tard.

§ 4.— *Conservation des Plants et des Boutures.— Stratification.*

L'avenir est actuellement assuré; nous avons en notre possession soit des boutures franches, soit des plants racinés, soit des graines sûres; mais le semis ne peut convenir que pour certains porte-greffes, il faut, donc, renoncer à ce moyen de multiplication qui de beaucoup est le plus rapide.

L'emploi des plants racinés donne des résultats certains comme reprise et comme reproduction de l'espèce, mais il est très-long aussi comme approvisionnement; seul le *Riparia* pullule à la 2e ou 3e année d'une manière inouïe.

La bouture franche donne, à ce point de vue, les résultats les moins satisfaisants; et elle reprend (pour le *Jacquez* que nous visons seul actuellement), avec une difficulté incontestable; cependant, c'est elle qui, par la greffe, nous fournira le moyen de reconstitution le plus expéditif.

On peut greffer, soit en automne, soit au printemps; mais, dans ce dernier cas, comme pour la plantation, les boutures, coupées de bonne heure, doivent être conservées avec des soins particuliers: elles doivent être stratifiées. Nous nous occuperons donc en premier lieu de la stratification.

Stratification. On choisit un endroit qui se ressuye facilement et exposé au nord ; on y creuse une fosse d'un mètre à un mètre cinquante de profondeur, selon la qualité du sol, et assez grande pour contenir le stock que l'on possède ; on établit, au fond, un lit de sable assez sec pour qu'il ne fasse pas corps en le pressant dans les mains, et de 0^{m}20 à 0^{m}25 d'épaisseur. On y couche les boutures horizontalement, par lits alternatifs dont on en remplit les vides ; on en étend, encore, au-dessus une dernière couche de 20 à 25 centimètres aussi, par dessus laquelle, on replace la terre extraite de la fosse, de manière à former un cône ou toit très-aigu, et on termine par une bonne couverture de paille ; puis l'on entoure le tout d'un fossé destiné à faciliter l'écoulement des eaux. La terre étant préparée pour la plantation, au printemps, ou à l'époque du greffage, on découvre avec précaution la jauge ainsi formée, pour transporter, au fur et à mesure des besoins, les plants et boutures sur le lieu du travail. Un linge humide, enveloppant le paquet, pourra suffire à maintenir la fraicheur, si la plantation doit être immédiate ou si le greffage doit être exécuté sur-le-champ ; mais, pour peu que ces opérations soient différées, on devra enterrer racines et boutures à portée de l'ouvrier, ou, ce qui est infiniment préférable, les stratifier avec du sable légèrement humide dans une caisse que l'ouvrier tire après lui.

La *stratification* est le grand secret qui amène, presque infailliblement, la reprise des boutures et des greffes. Elle les conserve à l'abri des intempéries hivernales qui sont l'une des causes les plus fréquentes d'insuccès, comme des gelées tardives du printemps, souvent mortelles pour elles, parce que, retardant la pousse, elle permet de planter plus tard et seulement quand les rayons solaires ont rechauffé le sol, et de greffer aussi tard que possible, c'est-à-dire, quand tout danger de gelée tardive est passé. De plus (et ceci est son plus grand avantage), la bouture stratifiée subit une modification qui la dispose à émettre des racines avec une facilité incomparable, et la bouture greffée éprouve, en outre, en la laissant assez longtemps en jauge, un commencement de végétation qui permet d'apprécier d'une manière certaine si la bouture greffée n'est pas altérée et, par suite, impropre à la plantation, et si le greffon réunit les mêmes qualités ; car si la bouture ne pousse pas, c'est qu'elle est morte ou bien malade, surtout si l'espèce européenne plus tardive a poussé, et, si celle-ci, toujours plus tardive, pousse aussi, c'est que ni le greffon ni le porte-greffe n'ont souffert soit avant, soit après la mise en jauge.

La *Stratification* est, donc, extrêmement avantageuse comme préparation à la plantation et surtout comme moyen de contrôle.

La bouture *racinée* et la *marcotte* peuvent cependant, dans nos pays, se passer de stratification ; on peut les planter pendant tout l'hiver pour gagner du temps ; mais il faut avoir soin, alors, de les enfouir complètement, ou, si la terre est trop forte, de laisser à leur base un entonnoir que l'on remplit d'une terre très-légère ou de sable, qui formant un cône au-dessus retarde beaucoup la végétation sans empêcher les pousses de percer la saison venue.

CHAPITRE III.

MOYENS DE MULTIPLICATION LES PLUS RAPIDES.

§ 1er. — *Du Greffage sur pieds Français. — Greffes-Boutures.—Greffe en fente.—Epoque de la greffe. — Choix du greffon. — Grosseur du greffon. — Choix des Boutures à greffons.— Préparation du greffon.— Longueur des Biseaux.— Préparation du Porte Greffe. — Comment doit être placé le greffon?—De la ligature et du coin.—De l'enduit. — Enfouissement de la greffe.—Véritable époque de la Greffe.*

Du Greffage sur pied Français. — Nous voici arrivés à l'époque de la plantation et du greffage et, comme cette dernière opération permet une multiplication beaucoup plus rapide des boutures, c'est d'elle que nous allons nous occuper d'abord, mais seulement au point de vue de cette multiplication qui s'opère facilement en greffant le bois américain sur les pieds français. Comme nous ne conseillons, aussi, que notre ancienne vieille greffe en fente , c'est elle que nous allons décrire d'abord.

Il est inutile de la pratiquer sur des pieds déjà aux trois quarts morts du phylloxera ; si l'on est assez malheureux pour n'avoir plus à sa disposition que cette déplorable ressource , on peut y avoir recours sans espérer, pourtant, de brillants succès , la greffe mourant, à coup sûr, la première année et dans les circonstances les meilleures, à la fin de la deuxième.

Il ne faut pas se fier, non plus, à la vigueur apparente des pieds ; dans certains terrains abandonnés à l'inculture, sous prétexte de prolonger son existence, ou soumise à la culture intensive dans le même but, dans les terres arrosables, dans les jardins maraîchers , à mesure qu'elle voyait ses racines profondes détruites par le phylloxera , la vigne a poussé , au collet, de nombreuses racines superficielles qu'on enlevait soigneusement autrefois sous le nom de barbes, pendant la culture d'hiver ; ces racines donnent un élan nouveau à la végétation et si l'on s'arrête à l'aspect extérieur, la vigne entière peut ne point paraître malade ; on greffe , alors , avec confiance ; le succès répond à l'attente du propriétaire ; tout prospère pendant le courant du mois de juin ; mais, à la fin du mois, la provision de sève contenue dans le corps de la vigne est épuisée et ne peut se renouveler; les racines détruites ne peuvent plus aller la chercher dans les profondeurs du sol; les racines superficielles, supprimées par le récépage, font défaut; quelques jours de chaleur desséchante, encore, le succès inouï fait place au désastre le plus complet et, comme le poëte, je dirai : *Quæque ipse miserrima vidi !!!*

On peut, cependant, obtenir quelque chose en greffant au-dessus de ces *barbes* et en rapportant ensuite de la terre pour enfouir la greffe exécutée ainsi. Cette dernière précaution est indispensable d'ailleurs quand on greffe des souches situées sur des terrasses pavées ou dallées; mais bien à plaindre sont ceux qui doivent avoir recours à cette insuffisante ressource !!!

Lorsque, au contraire, la vigne a ressenti à peine les premières atteintes du phylloxera, ou, ce qui vaut bien mieux encore, quand elle est complètement indemne, le greffage est le plus sûr, le plus utile et le plus rapide des expédients.

Il est vrai que le récépage, en rajeunissant la vigne, prolonge sa durée même en présence du phylloxera; mais bien fous sont ceux qui espèrent reconstituer leur vignoble en greffant profondément, per-

suadés que le greffon, poussant des racines de son
propre corps, pourra, quand le porte-greffe aura été
détruit par le phylloxera, vivre de sa propre vie. Ce
procédé ne peut avoir été patronné que par les pépiniéristes heureux des insuccès qui prolongent leur
intervention nécessaire et lucrative et qui cherchent
à dégoûter d'une opération dont ils auraient voulu
garder le monopole. L'expérience, dernier juge en
choses viticoles, a prononcé définitivement et l'a condamné.

Greffe-Bouture. — Il en est de même de la *greffe-
bouture ;* celle-ci n'est qu'un leurre qui ne peut tromper un esprit observateur : la bouture prend difficui-
lement comme plant direct, parce que son talon plonge
dans une terre non ameublie et, si elle se développe,
elle finit par être étranglée par les pressions latérales du porte-greffe sans faire jamais corps avec lui.
Le greffon placé à angle, plus ou moins aigu, sur le
porte-greffe, n'ayant avec la partie végétante qu'un
point de contact mathématique, ne reprend jamais.
L'empâtement que l'on remarque n'est qu'un effet
physique : la sève gênée dans sa circulation s'arrête
là, s'épâte en bourrelet, mais ne se soude pas. Je me
souviens avoir, à l'exposition de Montpellier, déta-

ché de son porte-greffe, sans effort et sans déchirure aucune, la plus belle greffe-bouture exposée, à la grande colère de l'exposant, bien connu, d'ailleurs, mais à la risée des spectateurs ébahis.

Je ne parlerai pas des autres modifications de l'ancienne greffe en fente; tous ces procédés, qu'on appelle des perfectionnements sont, au contraire, des complications sinon malheureuses, au moins inutiles, et nous ne conseillons que l'ancienne et toujours la meilleure :

La Greffe en fente de nos pères.

Greffe en fente. — De tous les procédés adoptés pour greffer la vigne, la greffe en fente, malgré les plaisantes saillies de *M. Champin,* est la plus connue, la plus sûre, la plus facile et la plus communément pratiquée, sur place, de temps immémorial.

Époques pour la greffe. — On peut l'exécuter à deux époques différentes et opposées de l'année : A la cessation de la sève d'abord, c'est à dire de la fin septembre à la fin octobre; puis à la montée de la sève, ou de mars et au delà.

Si l'on greffe à la cessation de la sève, on rencontre un premier écueil à éviter : En greffant trop tôt, les bourgeons se développent et ne mûrissent pas leur bois, ce qui les expose à être gelés par les premiers froids ; si l'on greffe trop tard, au contraire, on se heurte à un inconvénient plus grave encore : le greffon n'étant pas solidement soudé quand les gelées soulèvent la terre, suit le mouvement général du sol qui le détache du porte-greffe.

Nous rencontrons une troisième objection aussi grave, au moins, contre le choix de cette époque : de notre temps et dans nos pays où les communes paient les gardes champêtres pour ne rien faire ou pour faire du mal, la propriété foncière est exposée à toute sorte de déprédations : Le chasseur y vague en liberté et, pendant que les yeux pleins de convoitise il regarde au ciel l'alouette qui fuit, son pied maladroit ne respecte rien ; pas plus le greffon que le semis ; sous prétexte de vaine pâture, le troupeau piétine tout, écime tout, et ce serait un heureux hazard si, avec tant de chances de destruction, la moitié des greffons arrivaient à bien au printemps.

D'un autre coté, pendant les pluies continues ou pendant les froids rigoureux de l'hiver, le greffage ne donne que des succès médiocres, et la greffe de printemps elle-même demande pour réussir des soins particuliers et les plus minutieuses précautions.

Comme règle générale, ne greffez jamais pendant la pluie, l'insuccès serait en effet certain alors ; ne greffez pas non plus pendant les vents violents et froids et au milieu des brouillards : un temps calme, un soleil radieux, une température douce , sont autant de chances de succès ; mais quand on a beaucoup à faire, il n'est pas toujours facile de saisir l'occasion ; il faut opérer par tous les temps, à toutes les époques, et le meilleur est de mettre de son côté le plus grand nombre de chances , sans vouloir les réunir toutes , ce qui est impossible.

Choix du greffon. — Le choix des boutures destinées à devenir des greffons contribue beaucoup au succès de l'opération : tout bois, n'eut-il qu'un seul œil, avec un centimètre de longueur, doit être utilisé quand on est pauvre en boutures ou que celles-ci atteignent les prix fabuleux que nous avons connus naguères encore ; ajoutons que, même en dehors de ces circonstances, les américains (*Fuller*) ne conseillent d'employer qu'un mérithalle muni d'un seul œil ; mais dans nos pays de gelées tardives, l'usage du greffon à deux œils est une mesure de prudence qui s'impose, car l'œil supérieur venant à geler est immédiatement remplacé par l'œil inférieur que recouvre et protége la terre.

Grosseur du greffon. — L'épaisseur du greffon, quoique moins importante que le nombre de ses œils, ne doit pourtant point être négligée : elle doit, nécessairement, être proportionnée au calibre du porte-greffe. Un greffon trop volumineux provoque, en effet, un écartement trop considérable de la fente ; un vide très nuisible à la santé subséquente du sujet ; mais d'un autre côté, la grosseur du greffon l'empêche de se dessécher trop rapidement et, dans les cas où il est le plus fort même, on peut l'utiliser en pratiquant une encoche ou un épaulement de chaque côté, à la partie supérieure du biseau, épaulement qui, le greffon placé, portera sur le plan de coupe de chaque côté de la fente ; ce travail compliqué ne doit jamais être tenté sous une absolue nécessité ; le greffon trop grêle est exposé aux inconvénients contraires : il se dessèche rapidement, est facilement écrasé par la pression latérale du porte-greffe et s'endommage aisément sous l'action des vents et de tous les agents extérieurs. Tous les abris, tous les tuteurs extérieurs qu'on peut lui donner sont des protecteurs infidèles que le hasard peut renverser, qui entraînent et abiment alors les sarments qu'ils devaient protéger, et le meilleur est de savoir s'en passer.

Il est préférable, en définitive, d'employer pour greffons des sarments d'un diamètre moyen que l'on peut évaluer de la grosseur d'un crayon ordinaire à celle du doigt, mais même parmi les boutures de ce diamètre il est nécessaire de faire un choix attentif.

Choix des boutures servant de greffon.—Au talon du sarment les œils sont extrèmement rapprochés, il est impossible que l'on puisse y choisir un mérithalle assez développé pour être taillé en double biseau; l'emploi de trois ou quatre mérithalles successifs serait presque toujours nécessaire et alors la ligne de coupe, représentée par la partie du greffon qui doit s'adapter au sujet, est une ligne très-brisée, dont la coaptation exacte devient impossible ; mieux vaut donc rejeter cette partie.

De son côté, l'extrémité du sarment est sujette à d'autres inconvénients : elle peut, tout d'abord, n'être pas aoûtée ; d'autres fois, elle a souffert de la rigueur du froid ; mais le plus souvent encore, du dépérissement phylloxérique (inconvénient inévitable dans les pousses en épée qui ne reprennent presque jamais) : enfin les entre-nœuds sont, quelquefois, si allongés (inconvénient ordinaire des sarments qui grimpent perpendiculairement à l'abri du soleil au milieu des arbres) qu'il est difficile, même en recepant le porte-greffe très profondément, de le munir d'un greffon à deux œils, le supérieur dominant, en ce cas, de beaucoup le sol, on est obligé, pour l'enfouir, de rapporter de la terre des côtés et nous conseillons d'éviter toute complication ; ce greffon trop allongé est en dernier lieu, plus que tout autre, exposé aux ravages des vents furieux de nos contrées, qui le tordent, l'ébranlent et, souvent même, l'arrachent complètement.

Nous savons, maintenant, choisir les sarments qui nous donneront les greffons ; nous allons indiquer comment ceux-ci peuvent être préparés.

Préparation du greffon. — Un instrument spécial n'est nullement nécessaire, et tous ceux qui ont été inventés présentent le même défaut : ils taillent les biseaux en deux plans parallèles : or les lèvres de la fente du porte-greffe étant elles-mêmes parallèles il arrive ceci : un seul greffon est suffisant, ce qui est incontestable, et il a l'avantage de hâter la besogne ; mais, quand le pied est d'un diamètre hors ligne, deux greffons ne sont pas nuisibles, ce qui est incontestable encore ; dans la pratique, pourtant, et pour simplifier une opération que l'on trouve trop longue déjà, on ne place jamais qu'un seul greffon ; dès que ce greffon unique est inséré à l'une des extrémités de la fente, celle-ci serre le greffon qui arrête ce mouvement qui se continue par l'autre extrémité où les deux lèvres de la plaie se rapprochent en formant un angle, et comme les plans de coupe des biseaux sont parallèles, les quatre lignes, au lieu de coïncider, se coupent du côté du sommet de l'angle ou intérieurement, mais s'éloignent extérieurement, de telle sorte que la coaptation a lieu à l'intérieur où elle n'a que faire et ne se produit pas à la circonférence, seul point où elle soit indispensable.

Il faut, donc, pour remédier non mathématiquement mais pratiquement à cet inconvénient, que les plans de coupe qui constituent les biseaux forment un angle léger intérieurement, ce que jusques à ce jour n'exécute aucune machine. Rien n'est plus facile d'ailleurs que la taille des biseaux : deux ou trois coups d'un couteau bien affilé sont suffisants et l'ouvrier le plus maladroit en prend facilement l'habitude. (je me sers volontiers pour cet usage d'une vieille lame à tourner les bouchons, grossièrement emmanchée).

Longueurs des biseaux. — On doit bien se garder

d'allonger indéfiniment les biseaux, car on peut, dans ce cas, rencontrer de grandes difficultés pour insérer le greffon dans la fente. Il faut, encore, ne pas tomber dans le défaut opposé, en effet si le coin formé est trop obtus, le contact ne peut avoir lieu que par un point mathématique, *les lèvres de la fente*. La longueur la plus usitée varie de deux à cinq centimètres selon l'épaisseur du sarment et la force du porte-greffe.

Quand les biseaux sont, ainsi préparés, on détache du sarment, avec un sécateur, le greffon muni de ses deux œils et d'un morceau du merithalle supérieur; on le met en place et on recoupe son extrémité libre de manière à ce que le plan de coupe rejette les eaux de pluie, la sève de printemps et, en général, tout ce qui pourrait lui porter préjudice, du côté opposé à l'œil supérieur. Nous allons sans discontinuer passer au porte-greffe.

Préparation du porte-greffe. — On déchausse le pied à greffer jusques aux premières racines que l'on respecte de crainte de le priver des derniers organes que le phylloxera n'a pas atteints encore; on choisit sur le tronc la partie la plus lisse possible; on enlève les lanières d'écorces jusqu'au vif; puis, d'un trait de scie à dents fines, on sépare la tête, du tronc, au

dessous des traces, toujours apparentes, d'un nœud
primitif; on rafraîchit le plan de coupe, en enlevant
avec le couteau toute trace de scie, là même où doit
s'adapter le greffon; enfin, à l'aide d'un ciseau d'acier
à double biseau obtus, qu'on enfonce à petits coups
d'un maillet, on fait éclater la vigne, en ayant soin
que le ciseau ne porte jamais sur la partie de la
fente qui recevra le greffon et que cette fente elle-
même se produise précisément, là où le porte-
greffe a été précédemment rafraîchi. On a soin de
suivre les progrès de la fente et de couper, à l'aide de
la tête du couteau affilée *ad hoc*, les fibres ligneuses
qui, quelquefois, s'entre-croisant sans éclater dans
les lèvres de la fente, pourraient gêner, empêcher
même, l'introduction et la coaptation du greffon.

Comment doit être placé le greffon. — On doit
placer celui-ci de telle manière que le point mathématique qui sépare le liber de l'aubier se trouve
immédiatement en contact avec le même point du
porte-greffe, ce qui s'appelle synthétiquement : *mettre en contact les zones végétantes.* Les faisceaux
fibreux du pied étant quelquefois tourmentés, la fente
ne se fait point en ligne droite, quoique restant très
nette; elle présente des ondulations qui empêchent

complètement la coaptation. Quand elles ne sont pas très-marquées, elles n'ont en général que peu d'inconvénients, la pression des lèvres du porte-greffe forçant le greffon à se plier à ces ondulations; mais elles deviennent une difficulté réelle quand le pied trop petit ne doit pas être attaché, simplification qu'on doit toujours rechercher pour la rapidité de l'opération : une ligature solide est alors indispensable.

J'ai déjà dit que l'ouverture supérieure de l'angle formé par les biseaux doit embrasser l'œil inférieur du greffon, afin qu'on puisse le placer dans la fente, un peu au dessous du plan de coupe du pied ; dans nos pays de vents furieux, cette précaution est indispensable : si, en effet, le greffon est tordu, arraché sous ses efforts, la séparation se faisant toujours au dessus du plan de coupe du porte-greffe, l'œil inférieur sera nécessairement respecté; on n'aura qu'à le déterrer après l'accident pour le voir pousser tout à coup avec une grande vigueur remplaçant, bientôt, l'œil supérieur enlevé.

De la ligature et du coin. — La ligature n'est jamais nécessaire quand le pied est assez fort; mais il arrive quelquefois que, le pied étant très-fort, la pression qu'il exerce sur le greffon pourrait lui être nuisible ; un coin d'un bois quelconque fourré dans la fente maintient l'écartement au gré de l'ouvrier. La ligature devient, pourtant, indispensable quand les pieds sont faibles. Ajoutons de suite que j'ai opéré et que maintes personnes l'ont fait comme moi et avec le plus grand succès, quoique sans ligature, des pieds de un centimètre au plus de diamètre.

Nos vieux greffeurs employaient comme liens économiques des cordes minces en sparterie. Nous ne conseillons pour les pieds faibles que le fil à voile sulfaté, les liens précédents étant trop grossiers.

De l'Enduit. — L'enduit ou engluement est la partie la plus délicate de l'opération : tous les mastics qui contiennent des huiles essentielles ou fixes doivent être rigoureusement proscrits; il en est de même de ceux qui doivent être appliqués à chaud ou qui sont trop humides.

Je n'admets que l'argile à l'état plastique, corroyée avec du sable ou avec des crottins pour l'empêcher de se fendiller; mais si elle suinte l'humidité, elle est aussi nuisible que les précédents. Lorsque la terre est assez compacte, elle les remplace avantageusement, et il suffit alors de la tasser fortement, mais avec précaution, en s'aidant des mains seulement, autour de la greffe qu'elle maintient. C'est la seule précaution dont j'aie usé depuis longtemps, et si elle est quelquefois inutile pour nos vieilles variétés, elle n'est jamais nuisible à celles du nouveau-monde.

Enfouissement de la greffe. — L'opération terminée, on ramène autour du pied la terre qui en a été préalablement extraite; et, en l'exhaussant, si c'est nécessaire, en pain de sucre; on enfouit complètement le greffon et le porte-greffe. Si le greffon domine le sol, l'enfouissement doit être tel que le tassement toujours inévitable mette l'œil supérieur presque à nu, sauf à le recouvrir d'une poignée de sable ou de terre légère si l'on craint encore les gelées. L'enfouissement du greffon est toujours une excellente opération en ce qu'il retarde, beaucoup plus qu'on ne le croit généralement le développement, de l'œil en le soustrayant complètement à l'influence directe de la chaleur solaire, et l'on sait que l'un des plus grands inconvénients des vignes américaines, c'est que poussant trop tôt, elles sont infailliblement et régulièrement détruites par les gelées.

Époque véritable de la greffe. — Dans le but d'éviter cet accident, auquel pare en grande partie l'œil inférieur, on conseille, et je suis de cet avis, de greffer très-tard. Il est établi que l'opération donne plus de réussite en juin qu'en mars, et la limite du temps propice n'est restreinte que par ce fait que la vigne, recepée à une époque où la saison serait trop avancée, ne nourrirait plus qu'une quantité restreinte de sarments et ne les mûrirait qu'imparfaitement ou pas du tout, ce qui n'atteindrait pas le but visé : *Rapidité de multiplication*.

En règle générale : *On ne doit guère greffer au delà de la mi-mai*.

L'opération doit être suivie d'une culture soignée. Il faut renouveler les binages et, à chaque œuvre de labour, supprimer les sauvageons qui repoussent, souvent, avec une rapidité désespérante, et surtout les racines que peut émettre le greffon qui tend toujours à s'affranchir.

§ 2. — *Marcottage d'hyver.— Préparation du sarment. — Dimension du fossé. — Arrachement de la marcotte.— On ne doit pas planter les marcottes en sens inverses. — Influence du marcottage sur le pied opéré.—Marcottage après recépage.— Marcottage en serpenteaux. — Marcottage d'été ou en vert.— Lien pour forcer l'émission des racines.—Inconvénient des marcottes comparées aux boutures racinées.*

Historique. — Le marcottage consiste à mettre à raciner des œils ou des sarments adhérents encore à la souche. C'est la nature qui enseigna la première à l'homme ce procédé rapide de multiplication. Dans les pays chauds, certaines essences d'arbres émettent, des parties aériennes de leur tige, des racines qui, s'implantant ensuite dans le sol, servent de tuteur à l'arbre dont elles proviennent, s'affranchissent alors sans, cependant, se séparer du pied mère et, recommençant à leur tour à produire le même phénomène, finissent par créer, d'un seul pied, des forêts étendues.

Le plus connu de ces marcottages aériens c'est le

fait du figuier des *Banians* (*ficus Elastica*) dans les Indes Orientales et celui des palétuviers dans les marais des pays chauds.

La vigne peut, comme eux, dans nos pays même, fournir des exemples de marcottages aériens ; soit que ses sarments, retombant sur le sol, s'enracinent au point de contact ; soit que, comme je l'ai vu à l'Armeillère, chez M. Vauthier, de Lyon, elle émette, comme le *Cornucopia*, à la faveur de l'ombre et de l'humidité, des racines à plus de 0,30 cent. de hauteur. Le *Rupestris* s'est conduit de la même manière chez mon honorable ami M. Ganzin et chez moi. L'homme n'a donc eu qu'à imiter la nature ; cependant le marcottage artificiel offre quelques difficultés et doit être soumis à certaines règles.

Marcottage d'été et marcottage d'hiver. — Distinguons d'abord le marcottage d'hiver, pratiqué sur bois mûr de l'année précédente, et le marcottage d'été, ou en vert, pratiqué sur bois de l'année, pendant l'accroissement et commençons par décrire le marcottage d'hiver.

Marcottage d'hiver. — On doit, pour obtenir les meilleurs résultats, préparer d'avance les sarments. Ce sont les plus vigoureux, ceux qui poussent du pied de la vigne , que nous appelons les gourmands (en patois les *gorge-avis*) qui doivent être supprimés à la taille, que l'on doit rechercher pour cela : on les étale sur le sol en les y fixant avec de petits crochets rustiques , bois ou autres, avec des ponts faits de mottes, etc., etc. De la mi-août au milieu de septembre quand la seconde sève ne fournirait plus que des bois incapables de mûrir, on pince les sarments en supprimant trois ou quatre entre-nœuds : chaque feuille développe , alors , son bourgeon axillaire ; on pince encore ces nouveaux sarments s'ils s'emportent, pour les rendre aussi égaux que possible et, dès que la vigne est taillée en respectant ces sarments , c'est-à-dire, dès la chûte des feuilles et jusques à la pousse nouvelle — mieux vaut tôt que tard — on procède au marcottage comme il suit :

Préparation du sarment. — Sur chaque mérithalle on racle, comme pour la bouture, deux à trois lignes d'écorce jusques au vif pour faire plus facilement pousser les racines.

On dépouille le sarment de ses vrilles ; on creuse, sous lui, à partir du point où il peut être enfoui jusque un peu au delà du dernier sarment secondaire, un petit fossé de 10 à 15 cent. de profondeur, suivant la qualité du sol, sur au moins autant de largeur ; on fume, si le sol est maigre, et l'on enfouit le sarment en tassant, sur lui, la terre dans le fossé, et en ayant soin de redresser les pousses latérales pour les faire saillir au dehors.

Ces marcottes, pratiquées sur le bois mûr et dans l'hiver, n'ont, presque jamais, besoin d'arrosage ; les pluies naturelles leur suffisant habituellement ; mais, quand on possède des vignes plantées dans des terres irriguées, il faut les choisir de préférence pour cette opération, l'eau étant quelquefois nécessaire pendant les sécheresses excessives de nos étés brûlants , quand , à l'automne suivant, on déterre les sarments ainsi traités, tous sont, souvent, pourvus de racines; il arrive pourtant , par fois , que les rameaux les plus proches du tronc sont largement racinés, alors que les plus éloignés sont nus encore ; on remédie à cet inconvénient en pinçant, toutes les fois que c'est né-cessaire , dans le courant de l'été, les sarments qui s'emportent.

Dimensions du fossé. — Le petit fossé dont nous parlons sera nécessairement plus profond dans un sol sablonneux que dans un sol argileux ; dans un sol sec que dans un sol humide.

Arrachement de la marcotte. — Le sarment étant, à l'époque voulue, extrait avec soin en ménageant précieusement les racines, on séparera les marcottes reprises en coupant les mérithalles ou entre-nœuds à un ou deux centimètres au dessous du nœud. Il faudra le respecter, s'il est garni de fortes et nombreuses racines pouvant contribuer à la vigueur ultérieure de la marcotte. Si ces racines sont faibles, celles de la marcotte étant au contraire bien développées, on supprime complètement l'entre-nœud qui deviendrait sans cela un chicot inutile sinon dangereux.

On ne doit pas planter les marcottes en sens inverse. — Si le sarment marcotté n'est pourvu d'aucune racine, il faut le sacrifier pour en faire une bouture franche; quels que soient, en effet, le nombre et la vigueur des racines issues du mérithalle qui le suit, si on le divise en deux pour fournir des racines aux deux sarments qu'il sépare, on affaiblit le sarment supérieur sans avantage aucun pour celui du bas. La sève marchant en sens contraire ne donnera que des pousses misérables; le jeune plant souffrira plusieurs années et le plus souvent finira par mourir.

Il est inutile d'ajouter que, dans les terres légères,

le sarment émet plus facilement des racines et que
ces racines sont plus nombreuses mais moins fortes;
il faut renverser la proposition pour les terres compactes.

Influence du marcottage sur le pied opéré. — A
quelque époque qu'il soit pratiqué, *le marcottage* affaiblit, nécessairement, la vigne car, tant que le sarment
n'est pas fortement raciné il tire, d'abord, sa subsis-
tance en entier puis encore en grande partie du
pied dont il provient, et le marcottage d'hiver donne
seul de bons résultats. On ne doit marcotter que les
sarments qui ne sont pas nécessaires à la charpente
de la vigne, car le talon de la marcotte prend presque
toujours une direction qui force à le supprimer. On
doit aussi se bien garder de marcotter la même année
tous les sarments du même pied : en règle générale,
*on ne doit marcotter que les sarments que la taille
supprimerait plus tard.*

Marcottage après recépage. — Les pépiniéristes
emploient, malgré cela, un procédé plus efficace encore: ils recèpent le pied à quelques centimètres de
profondeur: ils étalent, à mesure qu'ils poussent,
les sarments dont cette opération a augmenté le nombre et la vigueur, sur le sol, à la manière des rayons

d'une roue ; ils pincent, fréquemment, ceux qui s'em-
porteraient au détriment des autres ; ils pincent, rigoureusement aussi, tous les sarments, à partir de la
fin août, pour faire mûrir le bois ; puis ils marcottent
en hiver les nombreux sarments latéraux que ces
soins ont fait développer.

Marcottage en serpenteaux. — On peut encore
avoir besoin de multiplier des variétés qui ne reprennent pas de boutures , en même temps qu'elles ne
donnent pas de sarments latéraux ; c'est alors que
l'on doit employer le marcottage en zig-zag ou en
serpenteaux. Voici comment :

On creuse, comme précédemment, un petit fossé ;
on y couche de même manière le sarment, dont un
nœud enfoui est fixé au fond par un crochet de bois,
l'œil suivant étant maintenu au dessus du fossé à
l'aide d'une tige quelconque placée en travers et sous
lui ; c'est là le plus mauvais procédé et celui qu'on ne
doit employer qu'à la dernière extrémité, car c'est celui qui donne les plus mauvais résultats.

Marcottage d'été ou en vert. — Nous allons actuellement passer au marcottage d'été, mais disons ,
d'abord qu'il ne diffère du marcottage d'hiver que par
quelques petits détails :

On choisit les sarments les plus vigoureux qui rampent naturellement sur le sol ; ou l'on cherche à leur donner artificiellement cette position ; dès qu'ils ont donné 12 à 15 feuilles, on en pince 3 ou 4 mérithalles ; ce qui reste développe, alors, à l'aisselle de chaque feuille des sarments secondaires que l'on traite comme précédemment.

Lien pour forcer l'émission des racines. — Mais il y a ici une réserve à faire : le sarment de l'année que l'on enfouit n'a pas, comme celui de l'année précédente, mûri son bois ; une partie en est herbacée encore, de sorte que, même en prenant la précaution d'entamer l'écorce soit avec le couteau, soit avec la rape, les racines ne se développent que difficilement sur le bois, qui paraît bien aoûté, et que rarement sur les parties herbacées. Nous avons pourtant un moyen pour faciliter leur émission, mais son application est délicate : il faut placer sur le sarment primitif, au dessus de chaque sarment secondaire et avant de l'enfouir, un nœud de forte ficelle goudronnée et sulfatée ou de fil de fer assez fin. Ce dernier est même préférable pour le bois mûr, mais il blesse et coupe trop facilement le sarment herbacé, c'est à dire celui sur lequel son action serait la plus efficace. La partie la plus minutieuse de l'opération consiste à serrer assez pour gêner la sève descendante, mais pas assez pour suspendre le cours de la sève ascendante. La pression devra être assez forte sur le bois mûr puisque, arrivé à cet âge, le sarment continue à s'allonger sans épaissir en diamètre ou à peu près ; si pourtant l'on serre trop, le nœud serré s'enracine au détriment des autres et, en poussant la constriction plus loin encore, la sève est complétement arrêtée, et le sarment meurt au dessus du lien. Si l'on serre, au contraire, trop peu, le lien ne produit nul effet. Il ne faut pas oublier, aussi, que les parties enterrées vertes mûrissent difficilement. Nous l'avions fait pour des sarments dans cette condition ; quand nous les arrachâmes, les sarments secondaires semblaient avoir mûri et, cependant, le sarment primitif lui même était aussi vert qu'au moment de l'enfouissement ; voilà pourquoi, nous ne conseillons pas le marcottage des sarments herbacés.

Si nous avons abordé ici cette question, c'est que dans la pratique on peut dès la première année, avec des circonstances de temps et de lieu appropriées, être appelé à l'exécuter ; mais nous conseillons d'être sobre à ce propos.

Inconvénients des marcottes comparées aux boutures racinées. — Tous les marcottages ont, d'ailleurs, les mêmes défauts ; que la marcotte soit, comme celle d'hiver, munie de nombreuses racines, qu'elle en soit plus pauvre comme la marcotte d'été, elle ne vaudra jamais une bouture racinée, car ses racines toujours superficielles, sont toujours, comme les racines de deuxième sève, fortement atteintes par le phylloxera et le plus souvent dans un état de santé déplorable ; c'est ce qui fait que le marcottage doit être abandonné toutes les fois qu'on a du temps devant soi.

Nous avons maintenant exposé les notions préliminaires dont la connaissance est indispensable à celui qui veut aborder, pour la première fois, la culture des vignes américaines. Nous possédons notre stock soit de *Boutures franches*, soit de *Marcottes*, soit de *Plants racinés*, soit de *Graines*, il s'agit de les utiliser : c'est ce que nous indiquerons en exposant les principes de la plantation et du semis.

CHAPITRE IV.

AVANT LA PLANTATION. — NOTIONS GÉNÉRALES.

§ 1er. *Climat. — Choix des espèces. — Exposition.— Sol.— La maladie du Jacquez.— Gelées et Hâles. — Influence de la coloration du sol.*

Climat. — Nous n'avons guères à parler ici du climat : Les 7 10e de la France sont propres à la culture de la vieille *vigne de Noë (vitis vinifera)*; mais les variétés américaines montrent des susceptibilités que nous devons respecter, si nous ne voulons nous condamner d'avance à des échecs désastreux. Ne nous fions, pourtant, pas trop à nos bons amis les américains qui, novices encore dans la culture de la vigne, ont beaucoup plus à apprendre de nous que nous n'avons à leur demander. Le propriétaire ne choisit d'ailleurs pas son climat, il ne peut choisir que l'exposition qui, quelquefois, est préférable au meilleur climat ; mais il demeure évident que le choix des espèces devra varier suivant cette exposition et suivant le climat du lieu.

Choix des espèces. — Il est probable que le *Jacquez* pourra être cultivé dans le tiers de la France méridionale, comme le *Riparia* pourra dans toute sa partie vinicole, servir de porte-greffe aux espèces Européennes, puisque ses variétés propres remontent en Amérique jusque dans le bas Canada ; mais il est presque certain qu'il faudra, pour chaque zone viticole, chercher, parmi les variétés de cette espèce, celles qui croissent en Amérique dans les zones correspondantes.

Exposition. — L'exposition du terrain n'a rien d'absolu, car celle du midi, toujours la meilleure, peut devenir funeste en hâtant le développement du bourgeon dans les pays sujets aux gelées printanières. Il convient donc avant toute plantation d'établir le rapport qui doit exister entre le climat du lieu, l'exposition du sol et les susceptibilités particulières de l'espèce choisie : il ne faudra, par conséquent, pas planter le *Jacquez* et l'*Herbemont*, par exemple, sur les bords du Rhin, puisque ce sont là des variétés des pays chauds, tandis que le *Riparia*, qui occupe la plus vaste surface sur le continent américain, sera partout le meilleur des porte-greffes.

Le sol. — La nature du sol a aussi une très grande

influence sur la prospérité future de la plantation. On a dit, jusque à ce jour, que les variétés américaines croissaient toutes avec vigueur dans les terres rouges des garrigues, et pour expliquer ce fait, M. Vialla a prétendu que le fer était indispensable à la vigne nouvelle. Cette théorie était séduisante, et quand je montrais des vignes prospérant dans des terrains presque sans fer, on m'objectait que l'arbuste ne se nourrit pas que de fer et que d'autres éléments très essentiels: tels que la potasse, la silice, devaient exister en grande abondance dans ces terrains.

Cette explication ne satisfaisant pas mon esprit, j'en cherchais, de mon coté, la véritable cause, et mes expériences m'ont coûté assez de temps et d'argent, pour que je tienne à en faire connaitre le résultat; mes lecteurs pouvant, ainsi, économiser le temps et l'argent.

La maladie du Jacquez.— Tous ceux qui en ont planté ont remarqué ceci : dès les premiers beaux jours du printemps, toutes les boutures placées vivantes dans le sol poussent sans exception; puis la végétation s'arrête tout-à-coup; les jeunes pousses se flétrissent, se dessèchent; dans certains cas, de leur talon poussent deux nouveaux bourgeons et la bouture est sauvée ; mais, le plus souvent, ces **reve-nants** sont bien rares, et le succès dont la vue réjouis-sait le cultivateur est transformé en vrai désastre.

Ce phénomène varie d'époque selon le climat, l'exposition, etc, etc., mais, dans nos contrées, c'est généralement du 6 au 20 mai qu'on le remarque, c'est à-dire à l'époque où le hâle est le plus fréquent. Si à ce moment précis on arrache quelques boutures, on trouve que celles qui repoussent de la base des sar-ments desséchés sont munies d'assez de racines pour fournir au plant une provision de sève qui le ramène à la vie; on n'en trouve au contraire aucune trace sur celles qui ne repoussent plus. Dans ce cas, le jeune sarment a épuisé toute la sève que contenait la bou-ture ; la provision d'entretien ne se renouvelant pas , la mort est définitive. C'est ce phénomène que l'on peut constater sur d'autres variétés, qu'on nomme : maladie du *Jacquez*. La déception du cultivateur est d'autant plus cruelle, qu'il croyait en ce moment même avoir échappé aux gelées à glace et aux rosées blanches.

Gelées et Hâles.— Il y a une différence remarqua-ble, essentielle, entre la manière de procéder des ge-lées tardives du printemps et l'abaissement de température régulier et continu pendant plusieurs jours qui caractérise les hâles de mai.

Les gelées amènent un désastre subit : il y a, en ce cas, une heure, une minute, un instant fatal. C'est la foudre qui frappe, la cellule éclate, et la désorganisation est accomplie. On se couche riche le soir, on se lève ruiné le matin. Mais ce fléau est, bien rarement, aussi général que le hâle. C'est un point exposé aux radiations nocturnes qui seul est frappé ; la proximité d'un arbre, d'un côteau, peut préserver la vigne. Ce sont, aussi, des contrées exposées à certains courants d'air, que peuvent neutraliser des obstacles naturels ou artificiels : la fumée, le brouillard, la protection à l'aide de tuiles ou par les procédés américains , etc., etc. Elle n'est que rarement générale , c'est dire qu'elle n'est qu'exceptionnelle.

Le hâle, tel que nous le caractérisons (c'est-à-dire avec le sens de *ardere*, brûler , dessécher), est au contraire un phénomène universel : Les premiers beaux jours de printemps ont mis la sève en mouvement ; la chaleur extérieure provoque la formation des petits sarments pendant que le sol encore froid intérieurement par suite des frimats de l'hiver, n'a pas fait d'appel aux racines ; le jeune sarment est maigre et chétif ; il y a, même, quand la sève en provision dans le corps de la bouture est épuisée, un moment d'arrêt ; si les chaleurs hâtives continuent à imprégner le sol de leur action bienfaisante, les racines poussent, et la bouture est sauvée ; mais si, au contraire, le hâle, c'est-à-dire cet abaissement de température que nous avons caractérisé *(entre 5°* *et 10°)* arrive en ce moment, tout est perdu : la sève est épuisée, tout appel extérieur a cessé, le soleil dessèche, flétrit, brûle *(hâle)* le jeune sarment.

Influence de la coloration du sol. — Tout se réduit donc à la pénétration de la chaleur solaire à l'intérieur des terrains qui se comportent bien différemment, non selon leur composition mais selon leur couleur : ceux de coloration foncée absorbent généralement les rayons calorifiques avec beaucoup plus d'intensité et de facilité que les terrains blancs, et on pouvait, à *priori*, conclure de ce fait que ce n'était pas le fer qui était indispensable aux variétés américaines, mais une certaine quantité de chaleur qui leur manquait, à quelques époques essentielles de l'année : au printemps, par exemple, où elle est indispensable à l'émission des racines ou à la mise en train de leurs fonctions naturelles, et à l'automne, ou, en pro-

longeant leurs fonctions, elle contribue à la lignifi-
cation du sarment. Un fait pratique confirmait, tous
les ans, cette théorie : une grande partie des plants
qui se décolorent, et se chlorosent au printemps et à
l'automne, recouvrent leur vert intense pendant les
chaleurs de l'été. J'avais fait déjà, à ce sujet, des
expériences involontaires aussi concluantes que coûteuses, dans nos tufs calcaires d'eau douce, dans nos
terrains crayeux ou marneux blancs; j'ai tenu, pour
asseoir ma conviction, à contrôler ces résultats cette
année même par de nouveaux essais ; le savant professeur Millardet, qui vient de me faire l'honneur de
me consacrer quelques jours, pourrait au besoin en
rendre témoignage :

J'ai fait défoncer à 60 centimètres de profondeur la
partie crayeuse du clos que j'habite où mon école
de vignes Européennes de table s'était toujours mal
comportée et où languissaient expirantes mes vieilles
greffes de *Jacques*; j'ai, au commencement de l'hiver
1879-1880, planté la moitié du défoncement qui avait
été exécuté à l'époque où la terre n'était pas encore
refroidie; l'opération fut ensuite continuée, les ouvriers renversant toujours la terre, c'est-à-dire, plaçant au fond du fossé la vieille terre cultivée et légère-

ment colorée par l'humus, mais refroidie déjà par les gelées intenses , inusitées de cette époque, et exposant au dessus, c'est-à-dire, au refroidissement, les parties crues et profondes dont la blancheur éblouit ; les boutures en quinconce ou mieux en carré et à demeure ont été plantées pendant le défoncement et à la main , en ayant soin de placer , pour les distinguer , les quelques rares greffons et les sarments plus rares encore , munis de quelques racines à l'extérieur du carré.

Entre les lignes formées du nord au sud par cette plantation, j'ai fait planter trois lignes de brindilles de *Jacquez* et de *Riparia* ; puis une ligne de *Clinton,* de *Vialla,* de *Yorcks-Madeira,* de *Solonis ;* enfin une ligne de *Groseillers-Cerise* et une autre de *figuiers ;* le tout constituant 25000 boutures. La moitié de ces boutures a été plantée de décembre en janvier, pendant les plus grands froids, mais dans les meilleures conditions : le fossé était ouvert; les brindilles étaient placées à la main , et la terre enlevée du petit fossé voisin recouvrait le premier ; la terre glacée se trouvant, ainsi, au fond du fossé. La deuxième partie de la plantation en pépinière a été exécutée en mars et avril, quand le défoncement entier et la plantation à demeure furent terminés : une corde tendue indiquait la ligne ; un trou était pratiqué, avec une cheville en fer, de dix en dix centimètres ; la bouture y était enfouie avec de la terre fine et fixée, autant que possible, par un autre homme avec un autre cheville en fer. Tout végétait, déjà, dans notre froide vallée ; les plants racinés, formant cordon extérieur, avaient eux-même poussé et ma pépinière entre-melée ne bougeait pas encore ; je croyais qu'elle avait été détruite par les froids insolites de l'hiver passé, et m'étant avisé que les trous pratiqués à la cheville n'étaient pas remplis encore, j'attribuai à ce fait le retard de la végétation, toutes les brindilles arrachées vivant encore !!! Tout danger de gelées tardives étant alors passé, je fis arroser à eau courante et, à ma grande satisfaction, j'en vis, bientôt après, pousser bon nombre.

Les 200 boutures *Jacques* à demeure plantées en premier lieu me donnèrent 181 reprises; alors que les 6000 brindilles entre-melées, plantées pendant les froids rigoureux et avec le plus grand soin, ne m'en donnèrent que 1000. Les *Riparia*, plantés dans les mêmes conditions et en même nombre que les *Jacques*, me donnèrent 2000 reprises.

La deuxième partie de la plantation à demeure me fournit la contre-épreuve ; exécutée pendant les froids exceptionnels elle n'a donné sur 200 boutures que 100 reprises, tandis que la pépinière entre-mêlée, établie au commencement du printemps, m'a donné 2000 reprises sur 6000 pour le *Jacquez* et 3200 sur 6000 aussi pour le *Riparia*.

Dans cette terre blanche et froide au suprême degré les *Solonis*, les *Yorcks*, les *Clintons Vialla*, n'ont donné que des reprises insignifiantes avec trois ou quatre feuilles, et le *Taylors* s'y est bien plus mal comporté que le *Clinton*. Les boutures de groseillers ont fait comme ceux-ci; mais les figuiers, quoiqu'ayant poussé très tard, étaient très vigoureux; ce qui prouve que ce n'est pas la fertilité, mais la chaleur qui manquait au sol.

Pour ce qui regarde les boutures mises en place, toutes avaient été gelées de bonne heure dans leurs bourgeons (vulgairement gelées dans *la bourre* ou le coton), et le plus grand nombre n'a repoussé qu'en août, la chaleur leur manquant intérieurement jusqu'à cette époque, *les greffons et les racines faisant seuls exception*. Ce fait confirme mon explication.

M. le professeur Millardet a pu du premier coup

d'œil constater ce curieux phénomène : là où d'habiles ouvriers avaient soigneusement ramené au dessus la terre blanche du fond, l'œil seul pouvait apprécier les résultats : la végétation baissait, disparaissait même, c'est-à-dire que les reprises y étaient rares ou nulles ; mais là où l'ouvrier malhabile avait laissé au dessus une terre plus colorée, le succès et la vigueur s'accentuaient davantage.

L'arrosage avec une eau de source possédant 15 à 16 degrés de chaleur, a été utile de deux manières : elle a comblé les trous de la cheville très tenaces dans les parties marneuses et argileuses et, en pénétrant dans le sol, lui a porté le degré de chaleur nécessaire au développement de la vigne.

Mais voilà que M. Millardet me communique un fait qui confirme cette théorie et qu'on ne suspectera point, puisqu'il s'est passé à l'école de la *Gaillarde*, à Montpellier.

La fausse théorie de M. Vialla sur l'efficacité de la terre rouge des garrigues était devenue un fait officiel, enseigné et pratiqué par l'école ; les *Herbemonts* plantés dans l'argile grise et froide de la Gaillarde, après quelque temps de succès, avaient faibli ; M. le professeur Foëx, imbu de la théorie nouvelle, prépara une nouvelle parcelle de terre pour y replanter cette variété dans des conditions meilleures, croyait-il; il y fit donc transporter une certaine quantité de scories de fer ; la plantation marcha bien tant que le terrain défoncé fut meuble, mais le tassement opéré, la chlorose particulière à l'*Herbemont* reparut, et la science prononça que le fer n'était pas soluble ou absorbable à l'état de scorie, qu'il le fallait à l'état d'oxyde rouge, etc., c'est-à-dire tel qu'il se trouvait dans les terres des garrigues. Un colmatage sérieux fut donc, pratiqué avec cette terre qu'il nous serait d'ailleurs impossible de nous procurer ici, et en réalité les *Herbemonts*, ainsi traités, reprirent rapidement les couleurs de la santé ; mais, ô prodige ! on a l'habitude de s'enquérir à la Gaillarde de la différence qui existe entre la température athmosphérique et celle du sol et, dans le cas présent, on a, toutes choses étant égales d'ailleurs, trouvé que le terrain colmaté donnait constamment une température supérieure de cinq degrés à celle des terrains semblables non colmatés. Voilà donc, pourquoi, l'*Herbemont* chlorosé au printemps reverdit en été et conserve son aspect vigoureux jusques en hiver, c'est-à-dire jusques au moment où l'abaissement de température lui fait perdre ses feuilles. La végétation extérieure s'arrête seule alors, l'intérieur du sol conservant la chaleur beaucoup plus tard. Ce n'est, donc, pas parce que la terre rouge des Garrigues (1) contient beaucoup de fer, mais parce qu'elle absorbe une beaucoup plus grande quantité de calorique qu'elle est utile aux variétés de vignes américaines en général et à l'*Herbemont* en particulier ; c'est que , dit pittoresquement M. le professeur Millardet : l'*Herbemont* aime à avoir les pieds chauds.

Il reste , maintenant, à l'école qui a été créée pour notre enseignement, à procéder au contrôle, en plaçant à la surface du sol, non aux racines, d'autres corps capables d'absorber la chaleur solaire, ne seraient-ce que les mêmes scories ou le noir de fumée.

Qu'on ne vienne pas, pourtant, nous objecter que notre théorie n'est basée que sur un fait unique ! Nous avons, nous aussi, répété cette même expérience

(1) Je suis certain que c'est l'honorable M. Vialla qui, le premier, a établi l'influence heureuse de la terre rouge des Garrigues sur les variétés américaines, fait qui demeure toujours vrai ; mais je ne sais si c'est lui qui en a trouvé l'explication par la présence du fer , théorie que dément aujourd'hui celui que nous citons.

avec 16000 boutures plantées dans le tuf calcaire d'eau douce où le fer ne manque pas et dans les terres froides de nos jardins maraichers, et obtenu exactement les mêmes résultats. Nous venons, cette année même, de constater un cas d'insuccès dû à la même cause dans un sol silico-ferrugineux, très-argileux, c'est-à-dire très compacte et très froid. Ce n'est, pourtant pas, de prime abord, que nous avons entrepris ces expériences toujours longues, toujours coûteuses ; il a fallu préalablement nous demander la cause des insuccès d'autrui et des nôtres et nous faire une conviction raisonnée pour chercher à la confirmer.

Ce qui explique l'insuccès de l'*Herbemont* en particulier, explique, aussi, l'insuccès des plantations à demeure ou en pépinière en général, et va nous servir à donner des règles précises pour le succès de celles-ci. Qu'on ne me fasse pas dire, pourtant, que la composition chimique du sol n'exerce aucune influence sur la variété à cultiver ; mais cette composition ne peut, souvent, être modifiée qu'avec des dépenses qui ne sont pas à la portée de tous les cultivateurs, tandis que notre théorie permet d'y obvier efficacement.

Le sol qui convient le plus aux vignes américaines, c'est une terre légère et chaude, profonde et quelque peu humide ; les terrains granitiques, à cause de la potasse qu'ils contiennent, leur sont éminemment favorables. C'est à la division mécanique du sol nécessitée par la plantation que toutes les variétés doivent leur réussite à la première année ; c'est parce que le sol se tasse, se crevasse après deux ou trois ans au maximum, que presque toutes ces variétés succombent alors. Les deux facteurs de la résistance pratique, la seule dont nous nous occupons, puisqu'en définitive seule elle nous est utile, sont donc : la structure intime du végétal et sa vigueur innée ou déterminée par une foule de causes que nous ne saurions énumérer ici ; mais nous pouvons concevoir une réunion de circonstances telles que la variété, la plus richement douée sous ce rapport, succombe au phylloxera. Les plus mauvais terrains pour les variétés américaines, sont les sols argileux compactes, froids, qui, tassés, opposent le plus de résistance aux racines ; qui, mouillés, se crevassent plus facilement, plus profondément, ouvrant ainsi des millions de chemins à l'insecte ! Rien ne prouve mieux cette diminution de résistance que ce fait incontesté : les

racines superficielles de toutes les variétés, quelle
que soit d'ailleurs leur résistance, et celles même de
la Berlandière que je place en première ligne sous ce
rapport, sont invariablement atteintes et détruites
par le phylloxera. C'est ce qu'ont démontré les échan-
tillons multiples que j'eus, l'hiver passé, l'honneur
d'adresser à M. Millardet.

CHAPITRE V.

DES TRAVAUX PRÉLIMINAIRES A LA PLANTATION.

§ 1er. *Emplacement.—Préparation de l'emplacement.
— Vieux drainage montagnard et drainage en
canalisation souterraine.—Drainage avec tuyaux.*

Emplacement. — Nous connaissons actuellement
les conditions générales que doit remplir un terrain
pour être apte à la culture de la vigne ; nous possédons, d'ailleurs, notre sol dont nous ne pouvons
changer la nature ; il s'agit, seulement, de profiter de
ses qualités en les utilisant et d'atténuer, au contraire,
ses défauts que nous ne pouvons faire disparaitre

complètement ; nous allons, en conséquence, nous occuper de la préparation de l'emplacement à com planter.

Préparation de l'Emplacement. — L'emplacement est le lieu où doit être plantée la vigne. S'il est en plaine, s'il a déjà servi à d'autres cultures, il sera facile de s'assurer si l'écoulement des eaux est libre ou si les inégalités de terrain y mettent obstacle ; en ce cas, le premier soin du viticulteur doit être de le niveler ce qui peut devenir très-coûteux. Si cette dépense excèdait ses ressources, au lieu d'employer son argent à des transports de terrain ruineux, il s'assurera si la création de fossés d'écoulement ne serait pas plus avantageuse.

Vieux Drainage montagnard et drainage en canalisation souterraine. — Un autre travail préliminaire peut devenir nécessaire, aussi, par le fait des eaux : si le terrain repose sur un sous-sol imperméable qui, en certains endroits, forme cuvette et retienne les eaux stagnantes, un bon drainage est indispensable. Quand le sol est pierreux, ce drainage peut être remplacé par de véritables conduits souterrains dont les gros cailloux, placés au fond, forment canalisation, pendant que les cailloux les plus petits, placés en couches plus ou moins épaisses, au-dessus du canal inférieur, servent à filtrer les eaux. C'est là le vieux système, toujours le plus efficace; il permet, par le développement qu'on peut lui donner, d'utiliser sur place tous les cailloux et d'économiser ainsi les frais de transport lointain. Nous ne décrirons pas ici, minutieusement, tous les systèmes de drainage, nous nous bornerons aux généralités.

Pour être efficace, le canal de drainage doit être établi dans l'épaisseur même de la couche imperméable sous-jacente, de manière à couper perpendiculairement la pente que suivent les eaux, car, ainsi arrêtées, elles suivront le fossé nouvellement ouvert et par suite le terrain situé en contre-bas en sera délivré. Ces conduits iront aboutir à un canal dit collecteur construit dans le sens de la pente des eaux ou mieux du sol.

Quand les eaux stagnantes forment cuvette, il est évident que le fossé doit être creusé, à n'importe quelle profondeur, dans le terrain imperméable, mais de manière à ce que la tête du canal arrive en contre-bas du fond de la cuvette, pour assurer son écoulement; établir les conduits dans le sens de la pente, c'est les rendre inutiles, puisque les eaux peuvent et doivent séjourner entre chaque fossé; les établir au dessus du fond de la cuvette, c'est n'atteindre qu'une partie du but; creuser trop avant, dans le terrain imperméable, c'est s'exposer à une dépense inutile, ce qu'on doit toujours éviter; mais ce qui est plus grave encore, c'est s'exposer à perdre tout le bénéfice de l'opération, le terrain imperméable, s'il est argileux, devant infailliblement se tasser par l'effet des pluies et empêchant en ce nouvel état, les eaux de s'écouler dans le canal, après un temps plus ou moins long.

Drainage avec tuyaux.— D'un autre côté, si l'on emploie des tuyaux de drainage, dans les endroits où manquent les cailloux, ils doivent être placés au-dessus de la couche imperméable, pour que, de tout leur pourtour, l'eau filtre dans l'intérieur. Placés au-dessous du niveau de la couche, leur effet serait, bientôt, neutralisé par les causes que nous venons de signaler.

Toutes les matières encombrantes et imputrescibles peuvent être utilisées pour augmenter l'efficacité des conduits ou des drains; tandis que les matières décomposables peuvent être enfouies soit dans le but d'ameublir le sol, soit comme engrais.

Dans certains cas, les matériaux encombrants serviront à faire disparaître des cavités naturelles en les y enfouissant assez profondément pour les placer à un niveau plus bas que n'atteindront les opérations de culture subséquentes.

§ 2. *Du défoncement.— Défoncement à la charrue.— Charrue à vapeur.— Treuil Anglais.— Charrue à plusieurs colliers.-- Charrue à bœuf.— Préparation du sol.*

Du défoncement. — Il faut, maintenant, déterminer si le défoncement doit être pratiqué à la charrue ou à la main.

Défoncement à la charrue.—En général, les terres qui peuvent être défoncées à la charrue sont excessivement rares. En dehors de celles qui ont subi une première fois ce même labour à la main, il n'y a guère que quelques terres d'alluvion profondes, des bas fonds sablonneux, etc., etc., dans lesquels on puisse l'exécuter ainsi avec avantage ; mais, quand il est possible, il est très-économique ; disons pourtant que le travail de la charrue ne vaut jamais celui de la main.

Charrue à vapeur.— Nous avons vu, dans certains terrains, employer avec avantage la charrue mue par la vapeur ; moyen qui n'est plus applicable dans nos sols morcelés à l'infini.

Treuil Anglais. — Dans des conditions plus restreintes, l'emploi du *treuil anglais* a donné de bons résultats. Je le trouve, même, préférable à la vapeur, dans ce sens, qu'il permet d'utiliser les forces disponibles à la ferme ; mais, quand on l'emploie, on ne doit pas oublier ce principe élémentaire *que l'on perd en vitesse ce que l'on gagne en force.* Ce procédé est, surtout, utile pour le défoncement des terres dont on ne connait pas le sous-sol ; le cheval ou le bœuf qui fait agir le levier n'est pas une force aveugle, comme la vapeur ; au moindre obstacle que l'on rencontre et qui briserait la charrue, on peut ralentir, au commandement, la vitesse de l'animal ; on peut arrêter net, si l'on veut, et, l'obstacle enlevé, recommencer l'opération.

Charrue à plusieurs colliers. — Nous avons une objection plus grave encore à opposer à la charrue à plusieurs colliers. Quand on attèle, comme nous l'avons vu, à une charrue 10, 20, 30 chevaux, une bonne partie de la force est perdue, même quand chaque cheval a son conducteur, et l'on s'estime fort heureux quand la moitié de l'attelage agit simultanément. Nous retrouvons encore, ici, le même défaut qu'au défoncement à la vapeur : quelle que soit la docilité des chevaux, ils n'obéissent pas tous au même instant à la voix et, si un obstacle infranchissable se présente, la charrue est encore brisée.

Charrue à bœufs.—Les mêmes reproches peuvent être adressés à l'attelage avec les bœufs, mais à un moindre degré; ces animaux agissant toujours avec plus d'ensemble que les chevaux.

Nous reconnaissons, pourtant, volontiers, que tous ces procédés sont très-économiques, quand ils sont applicables, et malgré une première mise de fonds qui est assez considérable, nous donnons la préférence au procédé du treuil, très-répandu en Angleterre, mais que nous n'avons vu appliquer près de nous que par M. Léonce Grué, l'intelligent proprié taire de Beaulieu près Solliès-Pont.

Ces procédés de défoncement qui, à part le treuil que peut utiliser la moyenne propriété, ne sont applicables qu'aux grandes exploitations agricoles, doivent être mis de côté dans presque toute la Provence et dans les $^9/_{10}$ des terres du midi; car ils sont ina-

plicables sur les pentes raides et dans les sols rocail-
leux ; dans les plantations qui doivent être précédées
de défrichements de forêts, etc.; il faut nécessairement, dans ce cas, avoir recours au travail à la main,
mais cela regarde la préparation du sol, opération à
laquelle nous allons passer.

§ 3. *Préparation du sol.— Labour préalable.— Défoncement général. — Défoncements partiels. —
Défoncement à la bêche à dents seule.— Défoncement à la bêche à dents, à la houe courbe et au pic.
— Profondeur du défoncement. — Défoncement
mixte.— Défoncement à fossé ouvert.— Défoncement à caisse.*

Préparation du sol. — Préparer le sol, c'est procéder au défoncement; défoncer, c'est, en remuant
la terre, ramener au-dessus celle du fond et placer au
fond celle du dessus. C'est là un travail que la charrue la plus perfectionnée n'accomplit qu'imparfaitement, mais que l'ouvrier ordinaire exécute toujours,
non point économiquement, mais sûrement. Entre ce
défoncement qui, pratiqué sur toute la surface à
planter, est une œuvre parfaite, et le même travail à

la charrue qui laisse le plus à désirer, il existe, pourtant, des intermédiaires que nous devons décrire.

Labour préalable. — Et d'abord, labourer le sol aussi profondément que le permettent les forces dont la ferme peut disposer, est une opération préliminaire qui, en simplifiant la besogne de l'ouvrier, apporte une économie réelle, très-appréciable à la main d'œuvre ; car, il est évident que, si l'ouvrier trouve une épaisseur de terre meuble de 0,25 par exemple, et que les nécessités de la plantation n'exigent qu'un défoncement de 0,50 (ce qui est le plus usuel chez nous), un tiers du travail environ sera exécuté, le foisonnement donnant en moyenne 0,75 de terre meuble pour un défoncement de 0,50 de sol ferme : la moitié qui reste doit, à cause de la dureté du sous-sol, des obstacles qui peuvent s'y rencontrer, être estimée aux deux tiers en général.

Défoncement général ou partiel. — **Défoncement avec la bêche à dents.** — **Défoncement avec bêche, houe courbe, pic.** — Il faut encore, après cette œuvre de labour, décider si le tènement sera défoncé en plein ou, seulement, dans une certaine étendue de chaque côté de la bouture qui y sera plantée ; ou, encore, si le défoncement devant être exécuté en plein, les boutures franches et les racinées seront placées après coup ou aux fur et mesure du défoncement, et en dernier ressort et seulement quand on voudra pousser l'économie plus loin , si le travail devra être exécuté à la bêche à dents seule et alors le mélange des terres se fait facilement, mais l'instrument ne peut pénétrer, selon le terrain, à plus de 0,40 de profondeur ; ou à la bêche et à la houe courbe qui permettent de retourner le sol sens dessus dessous et de pénétrer à toutes les profondeurs fixées d'avance.

Dans d'autres cas , il peut être nécessaire d'ajouter à ces deux instruments le pic ou la pioche qui permettent d'attaquer les terres les plus dures, et même les pierres ou rocs qui géneraient les labours subséquents ou empêcheraient le développement des racines.

Le renversement sens dessus dessous des terres défoncées est excessivement utile à la plantation et au fond lui-même ; les racines du jeune plant trouvent, dans ce cas, à leur portée une terre améliorée, soit par la culture , soit par l'humus si la plantation remplace une forêt, et la terre crue du fond, ramenée à la surface, s'améliore aussi pendant toute la durée du vignoble , soit par son exposition à l'air , soit par le mélange des détritus végétaux.

Profondeur du défoncement.— Mais si le sous-sol est un poudingue dur, qui ne repose pas sur un lit de bonne terre, il est inutile de l'attaquer ; l'extraction de cet obstacle ne donnera pas un pouce de terre de plus à la vigne ; il en est de même si le sous-sol est formé d'un roc compacte et qui se clive en quartiers comme un cristal : le pic et la poudre pourront en avoir raison, et cependant, quand vous aurez arraché une montagne de blocs, vous aurez augmenté vos dépenses jusques à la ruine peut-être, mais vous n'aurez pas plus de terre végétale.

Le défoncement par la bêche à dents qui divise la terre, en la mélangeant, peut avoir son utilité dans certains cas : si un sol argileux, imperméable et fort, repose sur un lit de sable, le mélange qu'opérera la bêche à dents, conduit avec intelligence, formera un nouveau terrain qui réunira les avantages des deux natures opposées de sol, sans en avoir les inconvénients. La même amélioration est infaillible quand la proposition précédente est renversée.

Défoncement mixte. — Il y a aussi, quand on ne veut défoncer que les lignes, une économie réelle à employer la charrue en même temps que le bras de l'homme : A l'endroit même où l'on a tracé l'allée future, le laboureur ouvre un sillon comme il a l'habitude de le faire ; les travailleurs, en nombre suffisant, suivent la charrue, armés de leurs instruments; ils rejettent, avec la houe courbe, la terre soulevée des deux côtés, hors de la limite du défoncement prévu; ils enlèvent, avec le pic ou autre, les obstacles que rencontre l'attelage ; de telle sorte que, par ce procédé, l'on peut utiliser la force d'un seul collier dans des terrains qui, à cause des obstacles naturels qui s'y trouvent, ne se prêteraient nullement au déploiement d'une grande puissance.

Défoncement à fossé ouvert.—Dans certains pays on adopte, pour la plantation de la vigne, un système qui met le propriétaire à l'abri des fourberies et de la paresse de l'ouvrier, mais qui ne s'emploie que pour la plantation en ligne : Les limites latérales du défoncement étant tracées, l'ouvrier reçoit un prix convenu, à tant le mètre cube, pour défoncer le sol à une profondeur fixée et dans ces limites, rejetant d'un côté la bonne terre, de l'autre, la terre crue que n'ont jamais encore remuée les œuvres de labour; mais dans les terres fortes, le vigneron peut, malgré ce procédé, être trompé, encore, si l'ouvrier ne divise pas suffisamment les mottes pour ameublir le sol.

Défoncement à caisse. — Le dernier des procédés employés pour le défoncement en général est le plus parfait, mais aussi le plus coûteux, c'est le défoncement à caisse ou à la marseillaise :

On ouvre d'abord un fossé ou caisse de la profondeur voulue et d'une largeur variable, suivant la nature du terrain, mais, en tous cas, telle que les travailleurs n'y soient pas gênés dans leurs mouvements; la terre qui provient de ce premier fossé est rejetée à l'extérieur et réservée pour combler un vide égal qui doit rester à la fin de la plantation; ce premier fossé creusé, les ouvriers mesurent, avec le bâton ou autre qui leur a servi à niveler la surface du défoncement, un espace égal à la première caisse. En procédant de nouveau au défoncement, ils ont soin de placer au fond de la caisse précédente la terre de dessus de celle qui suit, qu'ils creusent à mesure, et le travail fini, le renversement du sol est complet. Arrivés à la limite opposée du champ ils recommencent à creuser une tranchée ou caisse égale aux précédentes, se servant, aux fur et mesure, de la terre extraite pour combler la caisse latérale établie en dernier lieu, et ainsi de suite jusques à la terminale, auprès de laquelle on aura, pour l'enfouir, fait transporter par un attelage la terre du fossé primitif.

Il faut avoir soin , dès le commencement , de faire ouvrir un fossé proportionné au nombre d'ouvriers que l'on croit pouvoir employer ; de cette manière , ils pourront rejetter devant eux les pierres , les racines , les obstacles de toute sorte dont ils auront débarrassé le sol , et un ou plusieurs tombereaux employés en temps opportun , transporteront facilement, en passant sur un terrain non défoncé, ces débris de toutes sortes. Ceux qui recommandent aux travailleurs de rejeter ces débris derrière eux, ne songent nullement au préjudice qu'ils se portent. Quand ils sont nombreux et lourds , ils réunissent une foule d'inconvénients : d'abord leur masse arrête la vue de l'ouvrier qui ne nivelle plus que d'une manière très-imparfaite; puis leur poids comprime le sol , qui se tasse, amoindrissant , ainsi , l'effet du travail qui a pour but de l'ameublir. Mais le plus grand inconvénient qui résulte de ce fait se produit lors de l'enlèvement indispensable de ces matériaux; la terre étant meuble là où circule le tombereau chargé de leur enlèvement , l'attelage s'embourbe partout, est obligé de déployer une force considérable sans grands résultats ; le sol est tassé de nouveau, et souvent à une grande profondeur ; le propriétaire perd, ainsi, la majeure partie du bénéfice de ce coûteux procédé. On conçoit, enfin , que ce travail peut , comme précédemment, être donné à fortfait avec les mêmes inconvénients.

§ 4. *Préparation du sol sur les côteaux. — Etablissement des terrasses. — Murs de soutènement. — Fondations. — Talus.*

Plantation sur les côteaux.— Nous nous sommes, jusques à présent, tenus dans la plaine, mais les difficultés sont bien autrement considérables quand on aborde la plantation sur les côteaux.

Là, en effet , deux cas peuvent se présenter : ou le côteau n'est qu'un simple mamelon , une ondulation du sol, composée d'une terre profonde, et alors il doit être procédé comme on l'a fait dans la plaine ; ou il constitue une colline de rocs recouverts d'une couche plus ou moins considérable de terre.

Si cette colline n'a qu'une pente douce et possède un sol d'une profondeur suffisante, nous pourrons lui appliquer les mêmes procédés qu'à la plaine en ayant soin toutefois, pour retenir la terre ameublie que les pluies ne manqueraient pas d'entraîner , de diriger le défoncement , de telle manière, qu'on puisse former

des berges soutenues par des talus gazonnés et munies, à leur partie supérieure, de ruisseaux ou fossés
destinés à conduire les eaux dans l'endroit le moins
dommageable, ou bien là où l'on a établi un canal
pour leur écoulement. Il est évident que la direction
de la berge sera combinée de telle manière qu'elle
neutralise la pente générale du côteau, ne conservant
que celle qui est nécessaire à l'écoulement facile,
mais non torrentiel, de son fossé de défense. Il est
évident, aussi, que la berge ne doit ni trop pencher
intérieurement, ni être établie à plat, mais présenter
vers le talus une inclinaison telle qu'elle bénéficie
des avantages des terrains en pente sans en avoir
les inconvénients. Ajoutons que, dans les cas les
plus favorables même, précisément à cause de cette
pente, la charrue sera rarement applicable et le défoncement à la main, indispensable presque toujours.

Plantation en terrasses. — Ce travail devient plus
nécessaire, encore, quand la profondeur du sol est
insuffisante, quand la pente prend une certaine dé-
clivité, enfin quand la roche sous-jacente encombre
de ses débris la terre végétale ; il n'est rémuné-
rateur que pour les grands crus, capables de payer
une formidable dépense par les prix fabuleux qu'ob-

tiennent leurs produits et c'est le système adopté exclusivement à *Côte Rôtie* et à l'*Hermitage*; on l'appelle à juste titre le système en terrasse.

Mur de soutènement. — On prépare les fondations du mur de soutènement à la partie la plus basse de la berge, ou terrasse future, dans la direction à lui donner, en extrayant tout le sol meuble qui couvre le rocher, en attaquant celui-ci de manière à le tailler en surface plane et même, ce qui vaut mieux, légèrement en pente du côté de la terrasse. On calcule la largeur de celle-ci et la hauteur future du mur, de telle manière que toute la terre végétale puisse être utilisée, c'est-à-dire que, plus la couche végétale est mince , plus les terrasses doivent être multipliées et, dans certains cas de pénurie , une partie des roches mises à nu sera complètement abandonnée au profit de l'épaisseur du sol de la terrasse inférieure.

Si les pierres extraites ne suffisent pas pour la hauteur totale du mur, c'est cette partie dénudée que l'on attaquera de préférence , jusqu'à ce que , la muraille étant chaussée de terre , à mesure qu'elle s'élève , la terrasse soit établie.

Des talus. — Le talus que l'on doit donner au mur de soutènement, pour l'empêcher de s'ébouler ultérieurement, doit être d'autant plus considérable, que la pression de la terre à soutenir sera plus grande ; mais il existe une règle fondamentale que l'on oublie trop souvent et que nous devons rappeler.

La largeur de la fondation de la muraille doit être proportionnée à la quantité de pierres que l'on pré- sume devoir extraire et à la hauteur définitive et sup- posée de la muraille. Le talus à donner ne saurait, pour sa solidité, être trop prononcé, mais il doit être, toujours, proportionné à l'épaisseur du mur, c'est-à- dire que *la fondation de la muraille ayant un mètre de largeur par exemple, si l'on donne au talus de 0,33 centimètres par mètre*, on ne peut s'élever à trois mè- tres puisque, à cette hauteur, la ligne oblique de ce talus coupant la perpendiculaire de la face ou paroi postérieure, le sommet du mur n'aurait plus d'épais- seur, et il faut même, pour *qu'un mur en pierre sèche conserve sa solidité avec un talus donné, qu'un fil à plomb, suspendu à l'arête de ce mur du côté du talus, c'est-à-dire, du côté de la pression, tombe de quelques centimètres au moins en dedans de la base de la mu- raille.* En quelques mots, il faut que le talus soit dou- ble, *très-accusé extérieurement, puisqu'il doit résister à la pression variable de la terre ;* très-faible intérieurement, où il suffit que la pression de la partie supérieure ne porte pas contre la terre de la berge, car, en ce cas, la terre se tassant infailliblement, le mur, n'étant plus soutenu, s'affaisserait certainement aussi, et les pierres des assises supérieures formant alors plan incliné sur les assises inférieures, il y aurait glissement et éboulement consécutif : en effet, au poids primitif de la terre, viendrait s'ajouter, au point où le centre de gravité de la partie supérieure passerait en dehors du bas du mur, le poids entier de la partie située au dessus du point d'intersection des **deux** lignes.

On conçoit, par la même raison, que, quelle **que** soit son épaisseur à la base, la muraille elle-même peut être réduite à 0 au sommet et remplacée **par** quelques mottes de terre **là** où la pression latérale fait défaut.

Nous connaissons, maintenant, les divers procédés que l'on peut employer pour la plantation de la vigne; nous avons apprécié leur valeur relative, soit **au** point de vue de leur efficacité, soit à celui des dépenses ; nous pouvons, sans plus tarder, aborder **la** question de la plantation.

CHAPITRE VI.

APPLICATION DES DIFFÉRENTS PROCÉDÉS DE MULTI-PLICATION.

§ 1er. — Choix entre boutures franches et racinées.—
Divers moyens de multiplication.

Choix entre boutures franches et racinées. — La plantation peut être médiate ou immédiate : elle est médiate, quand on se sert pour planter de plants racinés qui ont préalablement passé une saison en pépinière, que ces plants proviennent de boutures ou de semis : elle est immédiate, quand on emploie les boutures franches, c'est-à-dire, non racinées.

Le choix entre plants racinés et boutures franches n'est pas une question aussi oiseuse qu'on pourrait le penser d'abord.

Pendant douze années de ma vie, lors de mes débuts agricoles, je n'ai planté que des racinés : la reprise en était générale, la vigueur à la première année incomparable, les racines puisant à souhait les sucs nourriciers dans la terre ameublie par la plantation.

Mais venait bientôt le tassement ; dès qu'il était opéré, la bouture racinée ne pouvait supporter sans souffrir la sécheresse Estivale ; elle perdait ses feuilles, les raisins restaient excessivement petits ; tandis qu'à côté, la bouture franche, quoiqu'ayant moins de développement, continuait à végéter ; il me fallut donc chercher une explication et je l'expose ici :

La bouture racinée est, à la fin de sa première année de pépinière, mise tout d'abord en place, munie d'un plus ou moins grand nombre de racines, selon qu'elle a été placée dans un sol léger où elle en émet le plus mais plus grêles, ou dans un sol compacte qui n'en laisse pousser que de fortes bien plus rares. Ce nombre reste le même invariablement chez la bouture franche plantée à demeure, parce qu'on ne la dérange pas ; ses racines continuent à s'étendre et, surtout, à s'enfoncer, s'éloignant, ainsi, des atteintes du phylloxera et des effets nuisibles de la sécheresse. En un mot, la bouture mise en place se rapproche autant que possible du plant semé, elle pivote, si je puis ainsi parler. Mais les phénomènes se passent autrement à propos de la bouture racinée.

Une première mutilation involontaire de ses racines a lieu par le fait seul de l'arrachage ; puis la né-

cessité de les rafraichir, de raccourcir celles dont le
développement ne permettrait pas de leur donner la
direction voulue dans une fosse toujours trop étroite et
toujours, aussi, d'une profondeur insuffisante, oblige
encore à mutiler les plus vigoureuses qui prendraient
naturellement, sans cela, l'allure de la racine pivo-
tante. Enfin, le peu de profondeur du trou force toujours à donner à ces racines une direction plus ou
moins horizontale, ce qui nuit à leur vigueur, en ra-
lentissant la circulation de la sève. Ajoutez encore
que chaque membre coupé pousse de nombreuses
racines latérales, comme le fait en ce cas la tige
elle-même, et vous comprendrez que leur nombre
doublant ou triplant elles diminueront de vigueur
dans la même proportion et pénètreront moins vite,
pour la même cause, dans les profondeurs du sol.
Voilà pourquoi, aussi, mes vignes plantées racinées, quoique plus âgées, ont succombé aux attaques
phylloxériques plus promptement que mes vignes
plus jeunes et pourtant plus susceptibles, mais plantées en boutures franches.

Si, cependant, l'on possède des terres arrosables,
l'emploi de la bouture racinée sera avantageux, car
l'action de la sécheresse sera efficacement combattue,

dans ce cas, par un arrosage donné à propos ; mais il faudra prévenir le crevassement du sol, qui ouvre au phylloxera des chemins faciles et plus nombreux jusques aux racines superficielles, par des binages fréquents et qui devront être renouvelés après chaque arrosage ou après chaque pluie. Si, donc, nous pouvons employer les plants racinés, nous devons nous occuper des moyens de les obtenir.

§ 2. — *Divers moyens de multiplication. — Du semis. — Préparation de la graine pour le semis. — Epoque du semis.*

Divers moyens de multiplication. — Nous avons dit qu'il n'y avait, pour les variétés cultivées, qu'un moyen assuré de reproduire le type adopté : la multiplication par boutures, qui n'est que la continuation de l'individu, que cette bouture soit confiée au sol, et c'est alors la bouture franche, ou qu'elle soit mise en nourrice par le greffage sur une variété voisine de la sienne, ce qui est très-expéditif : c'est la greffe.

Pour les variétés sauvages, au contraire, nous pouvons user de deux moyens, et, quand on dispose d'un bon terrain, bien fumé d'avance, assez profondément labouré et bien exposé, on peut, avec certaines variétés vigoureuses , *les Riparia,* par exemple, obtenir, dès la première année, des pieds propres à être greffés à l'anglaise et avant plantation. C'est là le procédé le plus rapide quand on a ou qu'on peut se procurer des graines sûres ; voici comment on doit opérer :

Du semis. — On nivelle, avec soin, la terre préparée comme nous venons de le dire ; on là divise en plates-bandes dont la grandeur est proportionnée à la quantité d'eau dont on peut disposer ; puis, on trace au sarcloir, avec une ligne tendue pour guide, de petites rigoles de 4 à 5 centimètres de profondeur au maximum, dans lesquelles on place les graines une à une, de 6 à 10 centimètres de distance.

Ces petites rigoles de semis, ces lignes, pour mieux dire, doivent être distantes de 0^{m}50 de l'une à l'autre. Il suffit d'enfouir assez les graines pour qu'elles ne soient pas emportées par le courant d'eau, si un arrosage devient nécessaire pour la levée, ou dévorées par les granivores volatiles ou quadrupèdes.

Préparation de la graine pour le semis. — Mais la graine elle-même doit subir une opération aussi indispensable que salutaire, quand elle est conservée dans sa baie, et très-utile encore si elle est conservée nue, car elle en assure la levée.

Quinze jours d'avance, si les graines sont dans leurs baies, quelques jours en plus, si elles sont nues, on les place dans un vase quelconque ; on les y couvre d'eau sans qu'elle surnage ; on la renouvelle quand elle est absorbée ou évaporée et, pour les graines dans leurs baies, elle doit être en quantité telle que la fermentation s'établisse après quelques jours. Cette réaction chimique détruit le principe visqueux du raisin ; elle permet de séparer, alors, facilement les graines des enveloppes et des raffles ; elle leur rend la quantité d'eau nécessaire à la levée qu'elles pourraient ne pas rencontrer dans le sol. Quand on veut semer, on en frotte entre les deux mains la quantité approximativement suffisante pour le travail de la journée ; on sépare, ensuite, les raffles une à une, et, à l'aide d'un courant d'eau, on entraine les pellicules ; puis on laisse égoutter sur un tamis. Quand le tout est desséché, on fait emporter ce qui reste en le sassant à un courant d'air et on place les graines, dont l'humidité extérieure est évaporée, dans un linge grossier mouillé où elles peuvent demeurer encore plusieurs jours en l'entretenant humide ; les graines, dépouillées de leur péricarpe, n'ont besoin que d'être égouttées sur un tamis et traitées de même. Toute graine en bon état lève alors, à coup sûr, en peu de temps.

Epoque du semis.— Mais il y a aussi une autre règle très-essentielle à observer, c'est de ne semer qu'à l'époque où le sol contient la chaleur nécessaire à la variété adoptée, sinon, la levée se fait lentement, elle est irrégulière, plusieurs graines périssent dans le sol par manque de calorique, ou d'autres, une fois levées, s'arrêtent, jaunissent, disparaissent.

L'époque du semis doit varier selon les espèces ; je puis affirmer, pourtant, que j'ai obtenu une levée très-satisfaisante pour les *Riparia*, *Cinerea*, *Cordifolia* sauvages, *Estivalis types*, *Hybrides d'Eggert*, etc., en les semant vers le 7 avril et que pas une seule graine ne restait en terre vers le 18 du même mois.

Je n'ai pas été aussi satisfait des semis d'*Elvira*, de *Yorck' Madeira* et surtout de *Berlandière*; je crois qu'il faudrait les faire au moins quinze jours plus tard.

§ 3. — *Pépinières de boutures. — Arrosage des pépinières et binages. — Choix du terrain pour la pépinière. — A quelle époque faut-il établir la pépinière. — Rhyzomorphe et Rhyzoctone. — Porte-greffes pour pépinières. — Riparia. — Solonis. — Yorks. — Cordifolia Estivalis. — Berlandière. — Jacquez.*

J'ai, d'abord, exposé comment on doit établir les pépinières de graines, c'est-à-dire *les semis*, parce qu'elles exigent beaucoup moins de travaux, mais nous aurons plus à faire pour établir la pépinière de boutures.

Pépinière de boutures. — Le sol ayant été préparé, c'est-à-dire défoncé à 40 centimètres de profondeur, et fumé avec des *fumiers incapables de produire des champignons* (tourteaux de graines, engrais chimiques), on ouvrira dans les plates-bandes des rigoles assez profondes pour enfouir jusques au sommet la brindille de 0,35 à 0,40 de longueur; le tassement de la terre devant faire, bientôt, apparaître l'œil supérieur au dessus du sol. Ces lignes seront établies au cordeau et, comme précédemment, à 0m50 l'une de l'autre

et les boutures à 10 ou 15 centimètres d'écartement.
Ce sont là des moyennes que je donne, chacun devant
les modifier, selon la composition du terrain, l'état
des boutures, le nombre probable des reprises.

Arrosage des pépinières et binages. — Les semis
et les pépinières ne seront arrosés que quand la nécessité en sera formellement indiquée. Il faut sarcler
dès que la terre est suffisamment ressuyée, après
chaque arrosage ; un bon binage, en effet, vaut
mieux qu'un arrosage. C'est une vérité que le vigneron ne doit point oublier : l'arrosage tasse le sol, le
rend imperméable ; il amène le crevassement, et à sa
suite, le phylloxera ; le binage l'ameublit, au contraire, et, s'il ne chasse pas l'insecte, il détruit ses
chemins les plus sûrs ; il aère la terre.

Choix du terrain pour la pépinière.— Le choix de
l'emplacement de la pépinière a une importance que
l'on a trop méconnue jusqu'à ce jour ; mieux vaudrait
l'établir dans des terrains vierges, depuis longtemps,
de cultures arbustives ou de racines vivaces pour prévenir le développement du Mycélium qu'il s'appelle
Rhyzomorphe ou autrement. Ce Mycélium détruit, non
seulement, les pépinières, mais les arbres déjà formés ;
il n'est pas, comme on le croyait, engendré par l'hu-

midité ; s'il en a besoin, en effet, pour se développer, il a besoin plus encore d'être semé.

Il procède, d'ailleurs, comme le phylloxera, élargissant ses ravages en tâche d'huile, et, quoi qu'on ait pu en dire, il est aussi inattaquable que lui.

Je l'ai vu, pour la première fois, au milieu d'une splendide pépinière de *Taylors* chez M. Maurel, à Saint-Andrieux, près du Luc, et malheureusement j'ai bientôt dû constater sa marche envahissante chez moi.

J'avais, au commencement de la saison, surpris son apparition dans une de mes pépinières de *Riparia* qui ne laissait rien à désirer pour la vigueur, mais qui avait été établie au printemps précédent au milieu d'une luzernière atteinte de *Rhyzoctone* ; ici la cause me sauta sur le champ aux yeux : la moisissure se déclarait infailliblement là où avait existé une tâche.

D'un autre côté, l'intelligent et audacieux propriétaire de *Chibron*, lors de la dernière visite que j'ai eu l'honneur de lui faire, m'a affirmé qu'il avait remarqué que le Mycélium se déclarait là où auparavant un arbre avait disparu. Remontant, alors, à ce que j'avais vu déjà, je me souvins que l'attaque chez M. Maurel s'était déclarée dans un petit clos servant de fruitier, où les arbres étaient morts et qu'il en était de même chez moi où, de 500 arbres plantés, il y a plus de vingt ans, il ne reste qu'une quarantaine de pieds malades.

C'est parce que, dans l'un comme dans l'autre cas, les arbres incriminés avaient été détruits par le *Mycélium* dont le sol était ensemencé, que j'avais éprouvé des pertes très-graves qu'on avait, à tort, attribuées à l'humidité. Le *Rhyzoctone* de la luzerne n'est pas identique, il est vrai, au *Mycélium*, et je ne l'ai jamais étudié attentivement, mais cette belle moisissure pourpre détruit la luzerne comme le *Mycélium* ou blanc détruit et les arbres et les vignes : un pied attaqué se flétrit un jour, le lendemain on en remarque quatre, le surlendemain vingt, etc., etc., le mal s'élargit ensuite régulièrement et, si un arbre est atteint par cette tache, il succombe comme la luzerne; mais au lieu d'être d'un pourpre splendide semblable à du beau velours, la moisissure devient blanche alors. Beaucoup plus compétent que moi, M. le professeur Millardet prétend que notre *Mycélium* n'est pas son *Rhyzomorphe*. Quelle que soit sa nature, il ne doit pas en différer beaucoup, puisqu'il produit les mêmes effets. Ceci explique encore la production de ce champignon, à l'état de fléau, dans les plantations qui remplacent, immédiatement, un bois de chêne, et il est probable que les choses se passeraient de même s'il s'agissait de toute autre futaie conduite de la même manière.

On voit, par là, qu'il n'est pas inutile de choisir son terrain avec un soin scrupuleux et que ce n'est ni le fumier, ni l'humidité qui peuvent engendrer le champignon, si le germe ne se trouve déjà dans le sol.

Ces observations sont applicables aux pépinières de semis et à celles de boutures dont nous allons parler plus amplement :

A quelle époque faut-il établir les pépinières ? — Cette question est beaucoup moins importante pour le *Riparia* que pour le *Jacquez* ; on ne doit, pourtant pas, la négliger, si l'on veut obtenir le maximum de reprises. Le *Riparia* pousse bien plus tôt, encore, que le *Jacquez* ; mais, aussi, il émet ses racines avec une facilité qui est inconnue à celui-ci, et, si l'on constate des insuccès relatifs, ils sont dus soit à la qualité de la bouture, soit à l'époque de la plantation. Il végète avec plus de vigueur que jamais pendant l'automne, de telle sorte que, les premières gelées trouvant une grande partie de son bois encore herbacée, le détruisent. On ne pourrait guère se tromper pour les grosses boutures dont les surfaces de coupe indispensables montrent la vitalité, et ce sont elles que l'on devrait exclusivement employer ; mais la cherté des bois, aujourd'hui bien déchue pourtant, a fait, jusques à ce jour, employer des brindilles dont plusieurs n'avaient pas même l'épaisseur d'une mèche à fouet, de sorte qu'il était très-difficile, alors, d'en constater l'état.

Le *Solonis* se montre plus sensible, encore, aux atteintes de la gelée, et les faits contradictoires qui infirmeraient son aptitude à la reprise ne sont dus, probablement, qu'à des boutures gelées et dont l'état avait été méconnu.

Le *York's-Madeira* est, peut-être, de tous les porte-greffes le plus facile à la reprise ; mais, malgré sa résistance insigne, son accroissement est si lent et il foisonne si peu en boutures, qu'on hésitera toujours à l'adopter dans ce but.

Les *Cordifolia* sauvages seraient les plus récalcitrants, si les *Estivalis* ne valaient moins encore. Il y a cependant un moyen de les faire reprendre plus facilement, c'est de greffer préalablement les boutures en variétés françaises ; mais l'influence inexplicable de cette opération constatée par une foule d'observateurs et par moi-même, cesse dès que l'on greffe américains sur américains.

Devons-nous placer ici la *Berlandière ?* C'est ce que nous saurons plus tard ! mais nous pouvons affirmer que, si cette variété peut être classée parmi les *Estiralis*, à cause de la franchise de goût de son moût aigrelet, de la beauté et du nombre de ses grappes, de son bourgeonnement en tiges d'asperge d'un rouge carmin magnifique, elle mérite, plus encore, d'être placée après eux pour la difficulté de sa reprise, et je ne crois pas qu'il y ait avantage à la multiplier autrement que par le semis, car ses graines, cueillies sur pieds francs, reproduisent invariablement le type, comme le font toutes les variétés sauvages.

Arrivons enfin au *Jacques*, le plus important de tous.

Dans les années favorables, le *Jacquez* reprend avec autant de facilité que nos vieilles variétés françaises. Nous avons maintes fois constaté 85 et 90/100 de reprises qui ont été suivies de désolants insuccès. Nous avons expliqué ailleurs ce que c'est que la maladie du *Jacquez*, nous savons donc que le succès dépend de conditions opposées.

La stratification des boutures, quelles quelles

soient, les prépare à pousser des racines, et la plantation tardive les met à l'abri des hâles de mai plus à
redouter que la gelée ; mes boutures plantées en pépinière, au commencement de l'hiver, ne m'ont donné
que de rares succès ; celles qui ont été mises en terre
après le premier printemps, ne m'ont donné, au contraire, que des réussites.

CHAPITRE VII.

DES DIVERS PROCÉDÉS A SUIVRE POUR LES PLANTATIONS.

§ 1er.— *Plantations irrégulières.—Plantations régu-
lières. — Plantation en quinconce. — Plantation
de boutures franches.— Des divers procédés employés pour faire reprendre les boutures franches.
— Greffage de racines ou queue de rat. — Constriction avec un fil de fer.— Écrasement du talon.
— Érosion. — Macération. — Stratification. —
Longueur des boutures, plantations de marcottes
et de plants racinés.*

Notre terrain est maintenant préparé ; nos travaux
précédents, nos pépinières, nous ont fourni les mar-

cottes, les barbées, les boutures franches des variétés que nous avons adoptées; quel procédé suivrons-nous pour leur plantation ?

Plantations irrégulières. — Dans les rochers, sur les coteaux, mille circonstances peuvent forcer à exécuter une plantation irrégulière; mais quand la disposition et la nature du sol sont favorables, la plantation régulière et géométrique doit seule être adoptée, car, seule, elle facilite les labours, seule, elle donne à chaque pied l'air, le soleil et un espace égal.

On ne peut suivre que deux systèmes géométriques: la plantation en lignes droites qui se coupent régulièrement à des distances arrêtées d'avance, dont la plus ordinaire est celle de deux mètres en tous sens, mais qui peut varier selon les circonstances, et la plantation en lignes parallèles plus ou moins rapprochées.

Plantation en carré ou en quinconce.—La plantation en lignes qui se coupent régulièremen a reçu à tort le nom de *quinconce*, car, d'après son étymologie, le *quinconce* est constitué par deux allées d'arbres qui, au lieu d'être opposées deux à deux sur des lignes parallèles, formant ainsi un carré parfait pris quatre à quatre, sont, au contraire, placées alternativement de manière à ce que, joignant les plus rapprochés deux à deux par des lignes droites, on obtient une ligne brisée formée par la réunion d'une série de V qui, en latin, exprimant le nombre cinq, a donné son nom, *quinque*, à tout le système appelé de là : *quinconce*.

Mais si nous avons une série de lignes au lieu de deux et qu'on appelle cela *quinconce*, ce n'est que parce qu'il est toujours possible de considérer cette réunion de carrés de manière telle qu'on peut en tirer la ligne brisée susdite formée d'une série de V.

Ainsi pour appeler *quinconce* le procédé qui nous occupe, on a dû forcer la signification du mot, et le quinconce n'étant, alors, pas différent du carré, n'a pas d'autres avantages.

Pour obtenir de la régularité, il faut savoir établir ces carrés ; ce qui est facile :

Dans le champ à planter, on trace au cordeau le plus grand carré inscrit possible, de telle sorte que les côtés soient un multiple du nombre adopté pour la distance choisie. Un parallélogramme rectangle produirait les mêmes résultats et pourrait être plus commode.

Avec un roseau ou autre, de la longueur voulue, on mesure, successivement, chaque côté, plantant à chaque fois un jalon quelconque ; puis, tendant le cordeau entre les jalons correspondants des côtés opposés, on trace des lignes perpendiculaires qui se coupent et, à chaque point d'intersection, on plante d'autres jalons.

Dès lors, on conçoit parfaitement qu'en prolongeant les lignes tracées jusques dans les parties irrégulières du champ, on pourra, quelle qu'en soit la figure, tracer régulièrement la plantation.

Si la distance adoptée est de deux mètres, chaque pied de vigne aura à sa disposition 4 mètres superficiels de terrain, soit 2,500 pieds à l'hectare, approximativement ; mais il faut, de cela, distraire un certain espace toujours perdu.

Le carré est très-facile à labourer en deux sens opposés ; l'espacement régulier des plants les soumet plus facilement à l'influence de l'air et de la lumière, mais aussi aux effets des vents plus terribles chez nous qu'ailleurs. Cette distance convient parfaitement aux *Jacquez* et aux *Riparias* qui doivent porter par la greffe nos variétés les plus vigoureuses ; mais elle interdit complètement toute culture intercalaire.

Plantation de Boutures franches.— Il s'agit,

maintenant, de planter soit nos *racines*, soit nos boutures franches. Rien n'est plus facile pour celles-ci : avec une cheville en bois ou en fer, munie d'une traverse formant arrêt à la distance déterminée, sur laquelle il appuie le pied pour l'enfoncer, l'ouvrier pratique un trou à la place de chaque jalon qu'il arrache ; une femme le suit, plaçant à la main ou à l'aide d'une baguette en fer, un peu fourchue au bas, une bouture qu'elle enfonce de manière à ce que l'œil supérieur affleure le sol ; une autre femme vient ensuite et remplit le trou de terre meuble ou de sable en tenant la bouture à la hauteur voulue si elle est trop courte. Un peu de sable, placé au dessus en cône ou en pain de sucre, indique la place de la bouture, retarde sa pousse et la préserve ainsi de la gelée. Nous conseillons cette précaution comme très-efficace ; mais, dans les terres froides, on devra, à la fin de mai, débarrasser en binant et avec précaution, les pieds de cet obstacle.

Des divers procédés employés pour faire reprendre la Bouture franche. — On a conseillé, pour faciliter la reprise des variétés qui donnent difficilement des racines :

Greffe en queue de Rat. — 1° De greffer, à leur

talon, une racine soit résistante, soit Européenne. Ce procédé nous a donné de piètres résultats, quoiqu'il repose sur des faits physiologiques ; mais il a réussi ailleurs.

Étranglement. — 2° De serrer la base de la bouture, son talon, avec un fil de fer (M. Saurin) qui empêcherait la sève de se perdre dans le sol, affamant ainsi la bouture. Considéré physiologiquement, ce procédé a sa raison d'être. Le fil de fer sera **assez** lâche pour permettre à la sève de monter. En descendant, elle sera arrêtée si le fil est assez serré et y formera les bourrelets d'où naîtront les racines ;

Écrasement. — 3° L'écrasement du talon, soit avec une pince *ad hoc*, soit avec un marteau. Ce procédé serait précisément l'inverse du précédent. Il me paraît quelque peu barbare, ou au moins grossier ;

Érosion. — 4° L'érosion jusques au vif, soit avec un couteau, soit avec une rape à bois plus ou moins fine, de deux ou trois lignes longitudinales d'écorce sur le dernier entre-nœud ; les racines qui naîtront sur les lignes raclées n'auront, ainsi, pas grand effort à faire pour percer l'écorce ;

Macération. — 5° On a conseillé aussi, toujours dans le même ordre d'idées, de faire macérer, pendant un certain temps, 15 à 20 jours par exemple, 6 à 10 centimètres du bas de la bouture dans l'eau ; mais il est très-difficile, dans ce cas, de reconnaître l'époque où se termine la macération, ou commence la putréfaction.

Stratification. — 6° Nous arrivons enfin à la *stratification* que nous avons exposée plus haut. Tous les procédés dont nous venons de parler ne donnent que des résultats incertains et le plus souvent contradictoires. En dehors de la nature du sol, il n'y a qu'un fait qui reste acquis pour l'explication des insuccès généraux : l'influence de l'abaissement de température, après des chaleurs capables de faire pousser le bourgeon. Il faut donc retarder la plantation jusques à l'époque où les vicissitudes atmosphériques ne seront plus à craindre, c'est-à-dire, jusques assez avant dans le printemps et le plus communément vers le milieu d'avril. Pour conserver les boutures jusques là il faut, nécessairement, avoir recours à la *stratification*. Celle-ci, bien opérée, soustrait la bouture à la chaleur extérieure ; quand, ainsi traitée, elle vient à pousser, elle le fait aussi bien à sa base qu'à son sommet ; il n'y a pas de raison en effet pour que la tige se développe avant la racine ; loin de là,

M. Gaillard, le grand pépiniériste de Brignais, a pu conseiller, non sans raison, de stratifier les boutures la tête en bas, prétendant théoriquement que la sève s'accumulant ainsi au talon lui faisait émettre des racines dès que la bouture était plantée.

Si la bouture stratifiée a poussé déjà, on ne devra plus se hâter de la planter ; mieux vaudra attendre que les bourgeons soient assez développés pour pouvoir les pincer ou les couper très-près du tronc ; car, après la plantation, ces petits sarments se flétrissent pour repousser de leur base.

La reprise de la bouture, soustraite par ce procédé aux vicissitudes atmosphériques, est presque infaillible ; puisque la nature du sol mise à part, c'est aux variations de température que sont dus les résultats si différents que nous donnent différentes années.

La cause efficiente de la reprise (nous ne saurions trop souvent le répéter, cette vérité nous ayant coûté assez cher) est donc un certain degré de chaleur déjà répandu dans le sol et l'ayant pénétré à l'époque de la plantation. D'où il résulte : qu'il ne faut planter que lorsque le sol est assez réchauffé pour que la racine pousse presque simultanément avec les bourgeons. La plantation comme le greffage n'ont, en conséquence, pour limite que l'époque assez avancée où la chaleur manquerait pour une pousse vigoureuse ou pour la maturité du bois. Le plus grand inconvénient de la plantation tardive serait, pour la bouture, qu'elle ne trouvât plus dans le sol l'humidité nécessaire à sa végétation, ce qui n'arrive jamais quand il est profondément défoncé et, dans l'atmosphère, assez de chaleur pour lui permettre de pousser vigoureusement avant la fin de l'été.

Longueur de la bouture. — Nous devons encore nous demander quelle est la longueur la plus convenable pour la bouture? Ce que nous avons dit de l'influence de la chaleur souterraine sur la reprise répond à *priori* à cette question. Plus, en effet, la bouture plonge profondément, plus tard elle ressent l'influence de la chaleur solaire. L'expérience que M. le baron du Peloux et moi avons faite cette année avec des boutures de 0^m75 de longueur, qui ont à peine donné quelques reprises au milieu même d'un succès dépassant 85 100, est assez concluante pour être définitive.

En général, la longueur de la bouture doit être proportionnée à la profondeur du défoncement et à l'épaisseur et à la nature du du sol.

Si, en effet, la bouture repose sur un sol dur, stérile, ses racines trouveront immédiatement un obstacle ; elles devront, pour nourrir le végétal, remonter dans la terre superposée ; ce qui ralentit dans la racine le cours de la sève, car, c'est là *l'œuvre en sens inverse* , et si l'on veut établir une règle, on peut dire que : *la bouture ne doit avoir en longueur que les deux tiers environ de la profondeur du défoncement*, c'est-à-dire que, si l'on compte 0,60 de terre ameublie, il ne faut à la bouture que 0,40 de longueur, et ajoutons encore qu'elle vaut toujours mieux trop courte que trop longue.

On conçoit, de même, que la longueur de la bouture devra varier suivant la composition et la nature du sol : ainsi , elle devra être plus courte dans les sols humides que dans les terrains secs ; dans les terres argileuses froides que dans les terrains sablonneux et chauds.

Plantation des marcottes et des plants racinés.— La plantation de la bouture à la cheville , dans un terrain défoncé d'avance , est la seule qui puisse , à cause de la rapidité de l'ouvrage , être exécutée au dernier printemps, car, avec un personnel restreint , on fait en quelques jours beaucoup de besogne ; il en est autrement des marcottes et des boutures racinées que nous réunirons dans ce que nous allons exposer.

Défoncer à la main, et après ce travail, planter les boutures, est une inutile complication de travail qu'on peut éviter, quand on a beaucoup à faire et peu de temps devant soi ; nous parlerons ailleurs du défoncement et de la plantation simultanée de la bouture ; voici pour le moment ce que nous devons retenir :

A chaque point d'intersection des lignes tracées, on creuse une fosse assez large et assez profonde pour la longueur présumée des racines des boutures à planter ; on établit au fond de chacune d'elles un monticule de terre en cône central ; on présente la bouture racinée qu'on place au sommet du cône en étendant ses racines sur les flancs de celui-ci jusques au bord de la fosse ; on coupe là toutes celles qu'il faudrait, sans cela, entrelacer ou relever ; on enfouit peu à peu le plant, en le soulevant par saccades de manière à ce que la terre filtre à travers ses racines et on le place en définitive assez haut pour que sa tête, dépouillée des pousses de l'année, affleure le sol. On le traite ensuite et par le même motif, comme la bouture franche, en le recouvrant de sable ou de terre légère. Nous avons déjà signalé les avantages et les inconvénients des plants racinés ; occupons-nous de ceux qu'ils présentent pour l'occasion : un de leurs plus grands avantages, c'est de ne donner presque pas d'insuccès ; par ce procédé, la plantation est donc très-régulière ; ensuite, et quoique nous ayons conseillé de les enfouir par surcroît de précaution, les gelées tardives et les hâles de mai n'ont pas sur le *raciné* l'influence néfaste qu'elles exercent sur la bouture ; celle-ci succombe souvent, nous l'avon dit, faute de racines ; la *barbée*, quoique détruite, ne succombe au contraire qu'accidentellement, je dirai plus, que très-rarement , car ses racines renouvellent à coup sûr et avec facilité sa provision de sève.

Pour exécuter une plantation régulière en quinconce , il faut planter successivement la même ligne du carré ; de cette manière les jalons de la ligne et ceux des lignes voisines serviront de points de mire aux planteurs et, la plantation d'une ligne terminée, il faut rétablir, aussi précisément que possible les jalons à leur première place pour qu'ils puissent servir encore de mire aux lignes voisines.

§ 2.— *Défoncement général.—Inconvénients des plantations différées; avantages de la plantation simultanée. — Plantation simultanée à caisse ou à la provençale.—Défoncement partiel à la charrue. — Défoncement à la pioche ou bêche à dents.*

Défoncement général.— Nous devons, maintenant, nous occuper de la plantation et du défoncement à la main et simultanés. Dans cette opération : ou l'on défonce tout le sol pour planter *en quinconce* ou *en ligne*, ou l'on ne défonce qu'une certaine étendue de chaque côté de la ligne.

Inconvénients des plantations différées; avantages des plantations simultanées.— Que l'on défonce à caisse tout le sol, ou simplement l'allée au milieu de laquelle se trouvera la ligne, les procédés sont les mêmes; mais il y a un avantage inappréciable à planter et *racinés* et *boutures* aux fur et mesure pour éviter de refaire totalement le travail et de le mal faire même; la fosse pratiquée après coup est toujours insuffisante; elle expose à donner aux racines une direction contre nature ou à les mutiler fâcheusement. En plaçant au, contraire, pendant le travail, la bouture au point voulu, elle profite de toute la largeur, de toute la profondeur de la tranchée ouverte ou du banc; les racines peuvent alors plonger jusques au fond du défoncement et s'étendre latéralement dans toute leur longueur. Là, donc, point de gêne, point de mutilation, d'où vigueur excessive.

Mais, si nous plantons au lieu de *barbées* des boutures franches, la mise en place, exécutée pendant l'opération, n'est pas moins avantageuse. D'abord rien n'est plus facile, par ce système, que d'établir votre pied perpendiculairement, ce qui favorise l'ascension de la sève, c'est-à-dire la vigueur du plant. Voici comment procède l'ouvrier quand il plante à caisse ou à la provençale.

Plantation simultanée à caisse ou à la provençale. — La terre ameublie ayant été jetée en arrière avec les précautions indiquées et consolidée autant que possible perpendiculairement avec le dos de la houe courbe, il place sa mesure sur le sol en la mettant en contact avec le dernier sarment planté et dans la limite de la ligne indiquée par les jalons extrêmes; s'il s'agit d'un *quinconce*. Il doit, en outre, s'assurer que le point choisi est le point exact d'intersection des perpendiculaires qui doivent s'y croiser. Il creuse

avec une pioche étroite une gouttière perpendiculaire
à ce point précis ; il place alors à la hauteur voulue
sa bouture qu'il consolide avec la meilleure terre
qu'il trouve à sa portée, en la comprimant avec la
main autour du plant ; il a soin de tourner la portion
du mérithalle supérieur qui excède le bourgeon ter-
minal coupée obliquement, de manière à lui présenter
sa surface de coupe de couleur claire qui sert alors
à l'alignement et au nivellement. Mais si, la plantation
terminée , il reste plus de 3 à 4 centimètres d'entre-
nœud , l'ouvrier devra la réduire à cette longueur en
la coupant avec un sécateur de manière à former un
biseau opposé au bourgeon le plus proche pour diriger
tous les corps qui pourraient lui nuire, neige, verglas,
pierres, etc., loin de lui , et la protéger efficacement.
Si pourtant on avait des étiquettes à placer pour reconnaitre une variété ou pour l'étudier , un chicot
d'une certaine longueur serait alors très-certainement
utile pour les y fixer en serrant fortement le fil de fer
galvanisé qui doit les retenir de manière à étrangler
le chicot.

Cette précaution parait être, au premier coup d'œil,
minutieuse ; mais elle sera appréciée par ceux qui
ont les premiers marché en tâtonnant dans la voie

nouvelle et qui privés de fil conducteur dans le labyrinthe des erreurs involontaires des théoriciens et des fripponneries des pépiniéristes, n'avaient pour guide que les lumières de leur propre expérience.

Défoncement à la charrue. — On conçoit que des précautions plus minutieuses encore doivent être prises pendant ou après le défoncement à la charrue. Quand il est, en effet, opéré par la charrue à vapeur, l'ouverture du fossé initial ne dépend que de la longueur des cables et alors, ces fossés, pratiqués à des distances assez considérables, peuvent être utilisés pour les chemins de service en y accumulant tous les obstacles, pierres, souches, etc., qui se rencontrent dans le sol. On peut aussi les utiliser comme drains d'assainissement économiques en creusant au fond une tranchée où l'on jette pèle et mèle les pierrailles que l'on rencontre dans le sol, ces matériaux produisent alors, en l'exagérant, l'effet des terrains perméables en conduisant à travers leurs vides les eaux à leur extrémité; mais avec la charrue à double versoir cet inconvénient des fossés multiples est évité, la terre étant rejetée toujours du même côté.

On conçoit parfaitement, combien grossièrement est exécuté le défoncement opéré par la charrue.

Quelque perfectionné que soit cet instrument, la terre n'est que renversée elle n'est, jamais, retournée et émiettée qu'en partie; les mottes sont, souvent, énormes dans les terrains argileux et malgré la précaution que l'on prend de les faire ultérieurement écraser, ce travail n'est efficace que superficiellement, celles de l'intérieur étant à l'abri de toute atteinte. Quoiqu'il en soit, il est économique et vaut mieux que le défoncement local ; il n'atteindra, pourtant, jamais ni la profondeur, ni la perfection du défoncement à la marseillaise ou à banc ouvert, qui permet d'arriver à toute la profondeur de la terre végétale, si on le désire, de la retourner entièrement et de l'amener à l'état d'ameublissement le plus parfait. *Il est toujours préférable au défoncement même de main d'homme exécuté de chaque côté de la ligne seulement.*

Enfin, soit pour le *raciné,* soit pour la bouture franche, on ne procède après cette opération pas autrement que pour le récavé à la main et à la marseillaise.

Défoncement à la pioche à dents ou bêche. — Le défoncement exécuté à la pioche à dents, mais sans se servir de la houe courbe, est l'équivalent du défoncement à la charrue. Comme lui il ne retourne qu'imparfaitement la terre ; comme lui il ne peut atteindre toutes les profondeurs ; mais il ameublit le sol bien mieux que lui. Ajoutons, par contre, qu'il est bien plus coûteux, ce qu'il faut considérer dans toute exploitation ; enfin il nivelle jusques à un certain point le sol, c'est-à-dre qu'il fait le contraire de la charrue.

Jusques à ce moment nos travaux de défoncement ont pu être appliqués soit à la plantation en quinconce, soit à la plantation en ligne, nous allons actuellement décrire des travaux qui ne peuvent s'appliquer qu'aux plantations en lignes et que nous réunirons sous le titre de défoncements partiels.

§ 3. — **Défoncement partiel ou en ligne.** — *Défoncement mixte à la charrue et à la main. — Plantation de racinés à la charrue.*

Le défoncement mixte est celui que l'on opère avec la charrue aidée de l'ouvrier à la main ; il ne s'applique qu'aux plantations en ligne et l'on procède comme il suit :

Après avoir tracé les lignes de plantation la charrue ouvre le sillon de chaque côté de la ligne. On peut, successivement, donner plusieurs traits de charrue, mais on finit par être paralysé par l'accumulation de la terre du billon qui se fait sentir d'autant plus promptement que les lignes sont plus rapprochées.

Pour opérer avec la charrue un travail utile, dans ce cas, l'espacement doit être de trois mètres au minimum entre les lignes, sans cela, la terra ameublie retombe bientôt dans le sillon, compliquant le travail sans utilité (1).

La charrue étant, alors, devenue inutile, chaque ouvrier intervient pour continuer la ligne par la plantation à la provençale ou à caisse : il ouvre, d'abord, un fossé semblable à une caisse (d'où son nom) d'une longueur égale à la distance que l'on veut garder entre les plants ; dans cette opération il rejette de côté la terre crue du fond ; quand il est parvenu à la profondeur arrêtée d'avance il place au fond de cette première caisse ou fossé la couche (coussin), la plus épaisse possible, de terre fertile et ameublie qui constitue le billon ; puis, il attaque la nouvelle caisse en jetant au dessus de celle-ci la terre crue provenant du

(1) A chaque trait de labour un nombre suffisant d'ouvriers doit rejeter la terre ameublie sur les entre-deux.

fond de celle-là et ainsi de suite, ayant soin de placer la bouture racinée ou franche comme nous l'avons indiqué précédemment.

Plantation des racinés à la charrue. — Nous avons vu employer ce procédé d'une manière plus économique mais plus mauvaise encore : le sillon ouvert à une profondeur toujours insuffisante, une femme suivait une mesure à la main ; un homme venait pourvu de boutures racinées et les couchait, à distance voulue, sur un des côtés du sillon étendant, développant les racines aussi parfaitement que possible ; un nombre d'hommes proportionné à la nature du terrain et à la rapidité de l'attelage, quand le trait de labour suivant avait enfoui les boutures, redressait les tiges en les fixant aussi solidement qu'il le pouvait, après avoir écrasé les mottes. Il est inutile que je démontre l'imperfection d'un pareil procédé qui ne réussit que dans des cas tout à fait exceptionnels.

Plantation de boutures franches à la charrue et à la cheville. — Il est pourtant, une modification de la plantation, plus mauvaise, si c'est possible, mais aussi plus économique encore.

Le sillon médian ouvert, les travailleurs suivent,

l'un creusant, avec une cheville en fer et à la distance voulue dans la terre crue du fond, des trous dans lesquels un autre plante les boutures que d'autres ouvriers, en plus grand nombre, chaussent rapidement, la charrue venant, alors, achever plus ou moins mal leur œuvre imparfaite.

Plantation réellement à la cheville ou pal.—Je ne passerai pas sous silence le dernier, le plus facile, le plus économique, mais le plus mauvais des procédés : la terre étant labourée, on cheville tout simplement, la bouture à la place qu'elle doit occuper. Ce procédé, rarement applicable, demande des conditions, tout à fait, exceptionnelles :

Le sol doit être d'excellente qualité et avoir été défoncé déjà ; je l'ai employé avec succès dans deux terres de constitution opposée mais en présence du phylloxera. Cette plantation demandait, par conséquent, la plus stricte économie. Mes *Mourvèdres* m'ont, la deuxième année, donné des pousses que le sécateur n'a pu embrasser et qui ont été taillées avec le couteau-scie. J'avais le droit d'espérer à la fin de la deuxième année une abondante récolte ; mais cette opération avait été exécutée au milieu des taches phylloxériques et à la troisième, sur 12000 boutures, une centaine seulement survivaient encore. Je ne connais aucune autre plantation de vignes américaines faite dans ces conditions, c'est-à-dire dans un sol non préparé, envahi par le phylloxera, sur défoncement datant de 10 à 12 ans et sans préparation préalable, et je me garderais bien de recommencer aujourd'hui car, au prix actuel, je n'ai point encore 12000 boutures à sacrifier.

Je n'ai plus, maintenant, à décrire que la plantation à la provençale, à caisse, à laquelle j'ai peu de choses à ajouter et la plantation à fossé ouvert.

Plantation à caisse. — La plantation à caisse est déjà décrite, j'ajouterai, encore, qu'elle serait la plus parfaite de toutes si, le plus souvent, elle n'avait l'inconvénient de renfermer la bouture, quelle qu'elle soit, dans une espèce de vase ; dans les deux ou trois premières années, le développement se faisant dans une terre meuble et riche est prodigieux ; mais les racines ont bientôt rencontré le fond et les parois latérales de la caisse ; elles sont alors contraintes de remonter pour rentrer dans la terre arable superficielle ; de là un affaiblissement qui se montre, selon la largeur du défoncement et sa profondeur, vers la quatrième ou cinquième année dans les plaines riches, vers la dixième dans les terrains pauvres, cette époque variant encore suivant l'espèce de boutures employées. C'est alors qu'arrive la plus belle récolte, et depuis, la fertilité de la vigne diminue en même temps qu'augmente la qualité de ses produits.

Il n'en faut pas plus pour expliquer la différence que l'on remarque dans la production à l'hectare selon les pays, la variété plantée restant la même. Le défoncement partiel, quelle que soit la distance des pieds et des lignes, amène, toujours, à quelques années de différence près, cet arrêt facile à prévoir.

Dans le défoncement général la vigueur et la production, comme leur durée, n'ont d'autre cause d'arrêt ou de diminution que l'épuisement du sol, ce qui demande toujours un temps fort long et peut être différé, encore, par une culture intelligente et les engrais indispensables.

Défoncement à la tâche. — La culture en lignes, à la main et à journées, est, souvent, pour divers motifs, trop coûteuse encore. La cause principale c'est le défaut de surveillance du maître ; chacun a remarqué la différence d'énergie que déploie l'ouvrier quand il travaille à tâche ou à la journée : *que* *nous travaillions bien ou mal*, dit-il sans vergogne, *nous ne touchons jamais que le même salaire à la fin de la semaine!!!* D'un autre côté, le bon ouvrier ne touchant pas un salaire plus élevé que le mauvais ne déploie pas plus d'activité ou bien il devient le bouc émissaire de la bande quand ce n'est pas la victime; il faut, donc, supprimer la surveillance du maître et payer la quantité d'énergie que déploiera l'ouvrier par l'institution du salaire à la tâche.

Ce salaire, disons-le tout de suite, donne le plus imparfait de tous les travaux; l'ouvrier n'ameublit pas la terre; il laisse dans le sous-sol les obstacles qu'il y rencontre pierres ou souches; il ne prend aucun des soins minutieux indiqués, pour assurer le succès de la plantation. Tout se réduit pour lui, non à ce point : *faire le plus de travail pour gagner la plus forte somme; mais avoir l'air de travailler plus pour gagner un salaire double avec le même travail.* La superficie est exécutée avec perfection, mais l'intérieur du sol, comment s'assurer de son état? Il en est tellement ainsi que, voulant donner mon travail à la tâche, j'ai, maintes fois, compté le prix du travail exécuté sous mes yeux et n'ai jamais trouvé, parmi mes meilleurs travailleurs, un seul ouvrier qui voulut s'en charger en lui payant un salaire notablement plus élevé.

Malgré tout ce qu'on peut en dire, le travail à la tâche peut paraître plus économique sous le rapport de la quantité, mais ne vaut absolument rien sous le rapport de la qualité. On ne devra, en conséquence, donner à la tâche que le travail qui demande la quantité non la qualité et ces conditions se trouvent dans la plantation à fossé ouvert. Voici comment on y procède :

Plantation à fossé ouvert. — Pendant l'été, si c'est possible, pour exposer les terres, plus longtemps, aux influences bienfaisantes extérieures ou à l'époque où le travail est le plus rare, pour économiser sur la main d'œuvre, l'ouvrier pratique à une profondeur convenue un fossé dont la largeur est tracée d'avance, rejetant sur un bord la terre végétale et sur l'autre la terre crue. Le fossé terminé, rien n'est plus facile à contrôler que le travail exécuté : l'ouvrier n'a, quelquefois, pas atteint la profondeur convenue et il aura l'air de vous faire une concession en vous offrant de se contenter d'un prix proportionnel; mais ne vous laissez pas duper par cette offre ! si vous n'y prenez garde, en effet, l'ouvrier qui vous offrirait de perdre

1/10e par exemple, parce que son fossé n'a que 0m45 centimètres de profondeur au lieu de 0m50, ou parce qu'il n'a que 0m90 de largeur au lieu de 1 mètre devrait, pour atteindre la profondeur voulue déployer trois fois, dix fois plus d'énergie en travaillant, qu'il ne l'a fait pour les 45 centimètres ou les 90 centimètres creusés déjà. Dans vos conventions n'oubliez jamais que vous êtes lié par vos accords, vous propriétaire responsable et à domicile fixe, tandis que l'ouvrier irresponsable et sans domicile fixe est inattaquable sous tous les rapports ; si donc vous ne tenez pas l'ouvrier par le salaire, vous n'avez plus aucune prise sur lui, alors que l'ouvrier, mécontent, vous citera toujours utilement au contraire en dédommagement. Vous devrez, donc, bien prendre vos précautions et comme vous ne pouvez, dans vos travaux journaliers, marcher le papier timbré à la main, établir vos conventions en présence de tous vos travailleurs pour qu'il ne puisse y avoir aucune contestation et tenir compte des journées employées et du travail exécuté par eux pour que, des dissidences s'élevant, vous ne puissiez être condamné arbitrairement par le juge de paix qui ne manquera pas de le faire et avec raison en vous faisant payer le maximum du prix de la journée ; car , lorsqu'il n'y a aucune convention particulière , il est juste que l'ouvrier, qui est incapable de protéger lui-même son travail, bénéficie de la présomption contre vous qui, plus éclairé avez les moyens et les talents nécessaires pour vous mettre à l'abri d'une erreur qui n'est pas sans exemple.

Notre fossé est, actuellement, terminé ; les chaleurs de l'été ont exercé, sur la terre exposée à l'air, leur action bienfaisante ; les pluies et les gelées de l'hiver l'ont ameublie et entrainée, avec la terre des bords taillés avec soin et perpendiculairement, au fond, qui, désormais, au lieu d'un parallélogramme à fond plat, présente la forme prononcée en gouttière. Planter, comme je l'ai vu faire et par préoccupation d'économie, la bouture dans de pareilles conditions, serait s'exposer à de graves mécomptes ! j'avais vu des insuccès de *Jacquez* que la nature du sol et l'exposition ne pouvaient m'expliquer, puisque souffrants là ils étaient splendides ailleurs. J'avais vu des *Herbemonts* et cela dans un endroit fameux depuis (presque toutes les variétés américaines y ayant succombé), souffrant à côté de *Jacquez*, de *Yorcks*, etc., splendides ; je demandai au propriétaire s'il les avait fait planter lui-même. Sur sa réponse affirmative j'obtins la permission d'en arracher un pied, mais en approchant pour le faire, j'aperçus des bouts de racines sortant du sol et s'élevant perpendiculairement. Le propriétaire avait donné des ordres qui avaient manqué de surveillance ; un creux, en forme de demi sphère renversée *(vulgairement cul de chaudron)* avait été creusé, insuffisant en profondeur, insuffisant en largeur ; les boutures avaient été plantées au fond les racines remontant de tous côtés le long de la paroi ; celles qui faisaient saillie au dehors avaient été recouvertes d'un peu de terre qui les avait couchées et dissimulées ; mais, la pluie entrainant cette terre, elles s'étaient redressées ce qui m'avait permis de les apercevoir et convaincu par mon explication, le propriétaire arracha immédiatement tous les pieds voisins. A cette époque l'*Herbemont* était réputé ne pas prospérer dans cette propriété sèche de calcaire décomposé que Buss et Meishner indiquent, pourtant, comme sa terre et aujourd'hui dans le même lieu il rivalise presque de vigueur avec le *Jacquez*.

C'est la même cause qui avait rendu malades les *Jacquez*, dont je parle plus haut ; le propriétaire donnait à forfait ou à tâche le creusement du fossé peudant l'été; la plantation des boutures racinées avait lieu pendant l'hiver, ces boutures qui, mises en pépinière, sur les lieux même, avaient une vigueur inouïe, au lieu de prospérer après leur replantation, allaient en déclinant. Le propriétaire, très-intelligent d'ailleurs, mais surveillant peu ses travaux, m'en demandait la cause; je me creusais la tête, inutilement, pour la trouver; je multipliais dans ce but mes visites, quand, un jour, le hasard me fit trouver, sans hésitation, le véritable, je dirai mieux l'unique motif:

Au moment où j'arrivai le fossé creusé mesquinement, aux lieu et place de la vigne française récemment détruite par le phylloxera, à 0^{m}50 de profondeur sur 0^{m}50 de largeur, pendant l'été précédent, avait subi la métamorphose précitée. L'ouvrier sachant que son salaire augmentait d'autant plus qu'il plantait un nombre plus grand de racinés et objectant qu'il n'était payé que pour planter, ne s'arrêtait pas aux détails; il plaçait sa bouture de telle sorte que la tête affleurait le sol, ne s'occupant des racines que pour couper les plus rebelles qui remontant du fond du fossé venaient apparaître au jour. Il en résultait que ces racines ne remplissaient plus leurs fonctions physiologiques; car là, comme pour les *Herbemonts*, un plant de trois ans arraché nous montra que, depuis cette époque, les vieilles racines s'étaient, pour la plupart, conservées sans s'accroître, sans fonctionner, n'émettant que quelques radicelles nouvelles trop peu nombreuses, trop grêles pour remplacer les racines primitives mouvantes dès lors. Ajoutons que, depuis, ce propriétaire, qui aurait volontier accusé le phylloxera ne pouvant s'en prendre au sol, ayant suivi mes conseils : *donner plus d'étendue au défoncement*, ramasser, avant toute plantation, la terre éboulée en un billon central ; étendre sur ce billon les racines des boutures et tailler ces racines à l'endroit où on eût été obligé de les embrouiller ou de les faire remonter ; a obtenu les plus magnifiques résultats.

Comme dernier avis nous recommanderons d'enfouir, en comblant le fossé, en premier lieu, la terre cultivée et fertile rejetée d'un côté et de placer au dessus la terre crue que son exposition à l'air et la culture amélioreront à coup sûr.

Il n'y a pas, ici, de remarques particulières à faire sur la plantation des boutures franches ; qu'on les plante à la main en enfouissant le fossé ou à la cheville quand le travail est terminé, elles demandent les précautions et offrent les avantages et les inconvénients signalés plus haut.

Nous avons, maintenant, terminé l'exposé de ce qui a directement rapport à la plantation, il nous faut établir un parallèle entre la plantation en *quinconce* et la plantation *en lignes* car, les partisans de ces deux procédés ont, chacun, des raisons prépondérantes à faire valoir pour justifier leur choix.

CHAPITRE VIII.

DES PLANTATIONS EN LIGNES.

§ 1er. — *Parallèle des plantations en quinconce et des plantations en lignes. — Orientation des lignes. — Dérogations locales à l'orientation des lignes. — Accumulation des terres par le labour à la charrue. — Cultures intercalaires.*

La plantation en quinconce a un inconvénient qui saute aux yeux, tout d'abord, et qui est très-majeur pour les petites bourses, pour les propriétaires même assez riches mais qui ne peuvent pas disposer de la charrue à vapeur pour le défoncement général, soit à cause de la nature du terrain, soit à cause de la difficulté des voies de communication, etc.

Elle exige le défoncement total du terrain ! Ce défoncement est, ajoutons-le tout de suite, une garantie de vigueur et de durée, mais il devient ruineux pour le petit propriétaire ou mieux pour le propriétaire moyen qui doit tout exécuter au moyen des journaliers. C'est ce qui, malgré son excellence, a réduit son emploi. Puis, avec le *quinconce* plus de culture intercalaire, *(question brûlante que nous n'allons toucher qu'en passant)* car on perdrait, dans ce cas, l'un des principaux bénéfices du *quinconce : la possibilité de labourer en tous les sens.* Mais, quoiqu'on en dise, le choix du *quinconce* ou de la ligne n'influe jamais sur le nombre de pieds qui entrent dans l'hectare. Il est toujours possible, dans les deux systèmes, de combiner l'écartement de manière à donner à chaque pied la distance, c'est-à-dire la portion de sol que l'on désire dans les deux cas : ainsi le quinconce à deux mètres en tous sens, attribuant à chaque pied 4 mètres superficiels de terrain ou 2500 pieds à l'hectare, équivaut à la plantation en ligne à 4 mètres, les plants se trouvant à un mètre sur la ligne.

L'avantage de *la ligne* sur le *quinconce* (si toutefois ce n'est pas au contraire un inconvénient) c'est de ne pas obliger à défoncer tout le terrain, opération rarement inutile dans les bons, les excellents terrains meubles de leur naturel ou récemment ameublis même, mais indispensable dans les 9 10 des cas, où le prix excessif de revient seul ne permet pas de défoncer ainsi.

Orientation des Lignes. — La ligne a pour nos pays à ouragans perpétuels un autre avantage : ainsi placés les pieds entrelacent leurs pampres et en vertu de l'orientation s'abritent mutuellement, unissant leurs sarments pour résister à la tempête.

Dans nos pays brûlants l'influence du soleil sur la ligne n'est pas à rechercher ; il faut, au contraire, l'éviter, car les faits ne se passeront pas comme ils se passent aujourd'hui et ceux qui demandent au *Jacques*, par exemple, des grains plus gros et une maturité plus hâtive ne songent nullement que leurs *desiderata* sont anticipés, comme ceux des personnes qui demandent *au vin de Jacques, récemment plantés, les qualités qu'on ne rencontre que dans les produits de l'âge mûr.* D'ailleurs le vin de *Jacques* ne sera jamais accepté que comme vin de coupage et l'avenir

de la viticulture appartient chez nous aux meilleures
de nos vieilles variétés, mais surtout aux *hybrides-
Bouschet* greffés sur *Riparia*.

Ce n'est, donc, pas la boussole qui déterminera, ici,
l'orientation mais la direction habituelle des vents qui
soufflent généralement de l'Ouest à l'Est. Des circonstances naturelles peuvent, aussi, modifier l'orientation ; enfin il n'y a de possible pour les plantations
en terrasses que l'orientation sur la terrasse même.

Dérogation locales à l'orientation des lignes. —
Là, où une pente prononcée amènera les eaux pluviales à raviner le sol, la direction de la ligne devra
couper la pente pour que les travaux de labour diminuent et annulent, autant que possible, cette action
pernicieuse des eaux. La direction d'une vallée peut
encore changer celle des vents et modifier l'orientation. Une montagne peut les refouler aussi. Une action, aussi redoutable, parfois, que l'influence des
vents, peut résulter d'un courant d'air froid dû à
l'existence d'une haute vallée ; mais l'orientation est
toujours impuissante contre ces courants descendant
des vallées supérieures ; car ce n'est pas leur force
qui nuit, mais leur basse température et, comme
leur influence se fait sentir à l'époque où la vigne

sort à peine du sommeil hivernal, les souches dépouillées encore en ce moment, ne peuvent se prêter un mutuel abri. Il faut, alors comme remède, choisir attentivement, scrupuleusement même, les variétés, non les plus tardives pour la récolte, mais les plus tardives à la pousse, ce qui est très-différent.

Accumulation des terres par les labours à la charrue. — La disposition en ligne ne permet de labourer que dans un sens. Elle accumule ainsi les terres aux deux extrémités de la ligne ; on est donc, de temps à autre, obligé de décharger ces extrémités, en transportant, à l'aide de tombereaux, la terre superflue dans le creux central qui résulte toujours de ce fait.

Cette opération est, souvent très-onéreuse, mais le *quinconce* n'en est pas exempt, car, dans ce cas, l'accumulation se fait aux quatre côtés ; mais elle s'accentue plus lentement nécessite plus rarement l'opération précédente et n'est pas plus coûteuse à culture égale d'ailleurs.

Cultures intercalaires. — (1) Un des avantages de

(1) On ne doit pas se méprendre sur mon opinion à ce sujet, je regarde la culture intercalaire comme un système d'exception qu'on ne peut appliquer avec avantage qu'en présence des situations exceptionnelles que je décris.

la culture en ligne c'est de permettre la culture intercalaire. A ces mots, j'entends tous ceux qui me liront, me jeter l'anathème, car j'ai touché l'arche-
sainte ! Tout beau, Messieurs ! J'ai, comme quelques
uns d'entre vous pratiqué, trop longtemps, la culture
spécialisée; comme quelques-uns d'entre vous probablement, j'ai dû y renoncer. Que ceux qui sont
aux portes de grandes villes, pouvant se procurer,
assez facilement, des engrais que, souvent même,
ils trouvent trop chers, pratiquent la culture exclusive et intensive de la vigne, je n'ai rien à y
redire, et, à l'occasion, je les imiterais volontiers.
Mais qu'ils veuillent étendre cette pratique à nos
pays où tout engrais doit être demandé aux porcs,
qui coûtent beaucoup plus qu'ils ne rendent, ou au
bétail que tous les jours nous excluons davantage de
nos forêts, c'est ce que je trouve illogique. Quant aux
engrais industriels je m'y arrête à peine ! Comment
ferons-nous, en effet, pour les payer quand revien-
dront, comme nous l'avons vu plusieurs fois déjà, les
années où notre vin se vendait 8 francs l'hectolitre,
alors même que nous l'avons vu, en 1851, à 3 fr. 50 c.
seulement ? Laissons donc agir le propriétaire à sa
guise ; son intérêt le guidera plus sûrement que les

plus éloquentes leçons et nous avons vu la culture spécialisée s'implanter naturellement , sans effort, quand nos vins ont atteint les prix inusités , exorbitants de 50 et 55 francs l'hectolitre ; alors nos vignobles luxuriants étaient de vrais jardins ; on les cultivait avec amour, avec passion et on leur donnait *largâ manu* et engrais et labour. Hélas ! qu'est devenue aujourd'hui cette splendeur passée !!! Les campagnes se couvrent de ronces et nos villages sont déserts et misérables ; les villes seules se peuplent, attirant comme un aimant, l'ouvrier sans travail qui y meurt presque toujours de débauches et de misère.

J'ai planté, d'abord, et je continue à replanter, presque partout, en lignes , mes terres morcelées ne se prêtant pas à une autre culture *(car le quinconce fait perdre , tout autour du champ, deux fois plus de terrain que la ligne)* et je continue encore le même genre de plantation. Imbu, d'abord , des principes nouveaux, je pratiquais la culture spécialisée; je plaçais mes pieds à 0ᵐ 75 centimètres sur la ligne et mes lignes à 2ᵐ 25ᶜ ; mais reconnaissant bientôt mon erreur , j'abandonnai cette distance pour écarter les lignes à 2ᵐ50ᶜ, puis à 3 mètres et enfin à 4 mètres. Ce

fut alors que je renonçai à la spécialisation de cultures dans mes terres, plus ou moins facilement arrosables ; je conservai la même distance entre les pieds
et j'éloignai mes lignes à 6 mètres.

Chaque année la moitié au plus, le tiers au moins
de mes interlignes ou entre-deux recevait, une partie
des plantes sarclées, avec fumier de ferme, l'autre,
des céréales avec tourteaux. Par ce fait l'arrosage
devenait suffisant et les vignes, recevant toujours des
tourteaux ou des engrais et de l'eau sur un de leurs
côtés, étaient splendides et me donnaient des récoltes
intercalaires, betteraves, pommes de terre, haricots
et céréales qui payaient largement mes soins de culture et l'entretien de mes animaux. Je me rappelle la
stupéfaction dont fut frappé notre vénérable et re-
gretté Président M. Pellicot quand, après plusieurs
discussions qui ne pouvaient aboutir, puisqu'il igno-
rait les conditions particulières dans lesquelles je me
trouvais placé, je le mis en présence de mes monstrueux produits : devant des pommes de terre énormes et des betteraves gigantesques et lui donnai le
rendement inouï de mes céréales. Ajoutons, aussitôt,
que c'est dans une de mes terres où je pratiquais la
spécialisation de cultures, qui, contenant 12000 pieds

sur trois hectares, m'avait donné 300 hectolitres à la 4ᵐᵉ année, que *le phylloxera* se declara en premier lieu, dans ma commune, il y a tantôt 12 ans.

Ainsi on doit agir, se décider sans parti pris et travailler de manière à utiliser ses ressources. Par la culture exclusive j'en neutralisais une partie, la culture intercalaire m'a permis de les mettre toutes en œuvre, d'en retirer tout le prix. Je n'en ai nul regret et recommencerai s'il le faut.

Mais je condamne ceux qui, par avidité, suivent la même pratique. S'ils ne doivent pas fumer ou ne fumer que médiocrement leurs cultures intercalaires, mieux vaut, à coup sûr, pour le résultat final le labour répété pendant l'été et comme dit le poète : chacun doit consulter *ses ressources* et ses forces.

La ligne a encore un autre avantage : elle permet, le cas échéant, de placer un plus grand nombre de pieds à l'hectare. Ainsi on peut écarter les lignes de trois mètres seulement et même de deux mètres comme pour le *quinconce ;* et tout en ayant, en ce cas, 5000 pieds à l'hectare, le labour sera aussi facile dans cette plantation que dans le *quinconce ;* tandis que, si, pour obtenir un nombre de pieds double, on veut établir le quinconce de un mètre seulement de côté, tout labour est impossible autrement qu'à la main.

§ 2.— *Des lignes doubles et des lignes simples.— Faut-il planter sur une seule ligne ou sur deux lignes parallèles.*

Des lignes simples et des lignes doubles— Une autre question vient encore se poser naturellement : dans nos pays on plantait, autrefois et presque exclusivement, la vigne sur deux rangs parallèles, distants de un mètre en tous sens. Vint ensuite la mode de planter sur une seule ligne, en rapprochant les plants à 75 centimètrés. Cette nouvelle méthode donnait un tiers de pieds de plus à la ligne, alors que la ligne supprimée la doublait ; mais le mètre rendu à l'entre-deux, par cette simplification, faisait gagner un quart ou un entre-deux sur quatre. Voici la preuve de ce fait par le calcul : supposons la ligne double composée de deux rangs d'une longueur de 30 mètres ; à cette distance, il y aura 60 plants ; nous supprimons une ligne, c'est-à-dire 30 plants, mais nous plaçons les nouveaux plants à 0^{m}75 seulement ; nous en aurons, au lieu de 30, 40 sur la ligne simple ; or

dans une vigne à entre-deux de 4 mètres nous ga-
gnerons, à l'aide de l'espace de un mètre qui séparait
les plants, une nouvelle ligne ou 40 plants.

Ainsi l'espace occupé primitivement restant le
même, on aura, en supprimant la moitié des lignes
non 120 pieds, comme on pourrait tout d'un coup le
croire, mais 200 pieds, c'est-à-dire un sixième en
moins, ce nombre ayant été d'abord de 240 seulement,
différence largement compensée par la simplification
du travail; car, avec la ligne simple, si l'ouvrier qui
taille est intelligent, et le laboureur habile, celui qui
pioche n'a presque plus rien à faire.

Après ce calcul nous pouvons résoudre la question :

**Faut il planter sur une seule ou sur deux lignes
parallèles.**—Si nous plantons du *Jacquez*, la réponse
est facile : nous le voyons depuis longtemps à l'œuvre et, connaissant sa vigueur, nous le planterons
toujours sur une seule ligne, pour simplifier la main-
d'œuvre, mais à un mètre pour lui donner un peu plus
d'espace. La question se résout plus difficilement pour
le *Riparia*. Planté directement, nul doute qu'il ne demande un plus grand espace que le *Jacquez*, car,
placé près de lui, il le domine, il l'étouffe ; mais com-

muniquera-t-il à la greffe son incomparable vigueur ?
C'est dans l'ordre des choses possibles, puisqu'on le
voit dans certains cas ; ces cas sont pourtant excessivement rares et les exemples les plus nombreux
prouvent que chacun des deux végétaux, associés
par cette opération, conserve seulement sa vigueur
si, comme le prouvent des faits faciles à citer, celle
du greffon n'est pas diminuée.

Si ce que nous venons de dire est exact, il faut
considérer le *Riparia*, le plus vigoureux des porte-
greffes, comme une variété française et ne pas agir
pour lui autrement qu'on ne le ferait avec celle-ci.

Nous ne voulons pas clore cet enseignement sans
parler d'une plantation exceptionnelle : la plantation
sur des côteaux ou des montagnes.

CHAPITRE IX.

PLANTATION SUR LES PENTES.

§ 1er. — *Des Terrasses.* — *Des Talus.* — *Des murs
de soutènement.*

Des Terrasses. — Quand on veut établir un vignoble sur le penchant d'un côteau ou sur les pentes
d'une montagne, on ne peut s'astreindre aux procédés
que nous avons conseillés, les accidents de terrain
se multipliant d'une manière imprévue. La dépense,
que les premiers frais d'installation nécessitent dans
ce cas, est toujours si élevée qu'excepté, pour certains crus d'une valeur extraordinaire, ces travaux
ne produisent que des revenus négatifs. On peut être,
néanmoins, appelé à planter dans les crus précités
ou dans le but de se procurer les meilleurs vins du
pays, quel qu'en soit le prix de revient.

Ce qui augmente, surtout, les frais généraux, c'est
l'établissement de terrasses destinées à empêcher les

dégats des eaux et à donner, dans certains points, une épaisseur suffisante de terre végétale.

Des Talus.—Des murs ou des talus gazonnés sont indispensables pour soutenir ces terrains. Le talus, il est vrai, est moins dispendieux que la muraille; mais il n'est qu'exceptionnellement utilisable et seulement quand la pente est assez douce et la terre assez forte pour assurer sa stabilité; c'est précisément quand, à cause du peu d'inclinaison du terrain, l'on établit une moins grande quantité de terrasses ou berges que ces berges sont plus étendues et que, si l'on remue les terres moins profondément, elles devront le plus souvent être transportées beaucoup plus loin, que la terrasse devient plus couteuse malgré ce talus.

Il n'y a pour la hauteur de celui-ci qu'une limite : il faut qu'il soit assez élevé pour que la terrasse possède une profondeur de sol végétal suffisante, mais pas assez pour que leur éboulement soit trop facile.

Pour peu que le talus soit élevé et la terre superposée trop légère, il faut y renoncer et le remplacer par le mur de soutènement.

Mur de soutènement. — La première condition

exigée pour établir, aussi économiquement que possible, le mur de soutènement, c'est que les moëllons nécessaires se trouvent sur les lieux même, à la portée de l'ouvrier et très-faciles à extraire. On n'établit généralement les murs que pour utiliser les pierres qui se trouvent sur les lieux. Si la terre végétale est insuffisante et les pierres trop nombreuses on établira une large fondation ; le terrain extrait servira à augmenter l'épaisseur de la terre et le mur pourra être établi avec une largeur telle que toutes les pierres y seront logées sans augmenter sa hauteur, ce qui lui fera certainement gagner en solidité.

La hauteur du mur n'est pas aussi variable que son épaisseur ; elle doit, en général, être telle que l'épaisseur de la terre végétale, qu'il soutient, soit suffisante pour une bonne végétation de la vigne pendant les fortes sécheresses et les chaleurs de l'été. Comme principe invariable : *mieux vaut multiplier le nombre des murs que leur hauteur;* car, malgré le talus, la hauteur, augmentant la pression, affaiblit la solidité et nécessite le charroi de la terre de plus loin, multipliant ainsi les dépenses et diminuant la durée.

D'ailleurs la hauteur des murs et des terrasses de même que leur direction sont essentiellement variables, comme les accidents de terrain auxquels ces travaux doivent rémédier. Leur direction repose néanmoins sur un principe fixe : *On doit les établir de telle manière qu'ils suppriment les inconvénients de pentes trop prononcées, en amenant par une inclinaison douce mais suffisante* les eaux pluviales soit dans un vallon naturel, soit dans une partie de la plantation pierreuse, stérile, où elles ne puissent causer aucun dommage.

La terrasse devra toujours avoir une légère inclinaison extérieurement pour recevoir plus parfaitement l'action du soleil.

Jamais le mur ne doit s'élever au dessus du niveau de la terrasse, ce surcroit inutile de hauteur nuisant à sa solidité et portant, sur le sol de la berge une ombre toujours fâcheuse.

§ 2.— *Plantation des terrasses.— Plantation des murailles.*

Plantations des terrasses.— Quand les murs sont établis et les terrasses nivelées, si ces berges sont assez grandes et facilement accessibles pour qu'un attelage puisse leur donner le labour nécessaire , la plantation en ligne sera indispensable, à moins que la terrasse, à cause de la pente insignifiante du terrain, ne soit d'une étendue considérable, auquel cas elle est soumise aux mêmes procédés que les plantations en plaine.

Quand, vu la configuration du sol, elles ne sont pas accessibles aux attelages, le quinconce peut être adopté, l'ouvrier à la main ne connaissant pas d'obstacles.

Si la berge ne comporte qu'une seule ligne, cette ligne devra être plantée, non contre la muraille même, où elle souffrirait de la sécheresse et de la chaleur, mais à quelque distance de cette muraille pour que les racines plongent dans la terre la plus profonde, et assez loin, quand la berge est labourable, pour que l'attelage puisse exécuter sans danger les travaux de culture nécessaires.

Il ne faut, en général, pas planter au pied du mur supérieur puisque, si la terre végétale y existe et n'a pas été enlevée totalement par le fait du nivellement, c'est là qu'elle offre la moindre épaisseur; mais dans les cas, assez rares, où cette épaisseur serait suffisante encore, on pourrait planter à son pied même à 60 centimètres et jusques à un mètre de distance, des variétés de table ou précoces, que l'on conduirait soit en vignes basses, soit en espalier, soit en chaintre sur l'épaisseur du mur, et qui profiteraient ainsi, soit de l'appui de la muraille, soit de la plus grande quantité de chaleur fournie par l'exposition ou emmagasinée pendant le jour par le rayonnement solaire et restituée, ensuite, par le rayonnement de la nuit.

Il est inutile d'ajouter qu'à part certaines circonstances exceptionnelles la plantation sur les terrasses doit être exécutée avec des plants racinés.

Plantation des Murailles. — Quand les murailles n'ont pas une trop forte épaisseur, on peut, de distance en distance et régulièrement à la hauteur voulue, établir des meurtrières : aux fur et mesure que l'on comble le vide laissé par le mur, on enfouit, derrière chacune de ces meurtrières, un plant raciné, greffé d'avance, dont on fait saillir un sarment par l'ouverture, après avoir eu le soin d'éborgner tous les œils, à part les deux œils extrêmes. On obtient ainsi des raisins de table précoces et délicieux.

Nous en avons, actuellement, fini avec la plantation, chapitre très-important puisque d'elle dépend, le plus souvent, le succès de l'entreprise ; nous devons en ce moment, aborder celui de la culture, en prenant la vigne depuis le moment où elle est plantée jusques à celui où le tronc est formé. Ce chapitre est plus sérieux qu'on ne saurait le croire; car c'est surtout, pour la vigne américaine, la culture qui assure sa durée, sa résistance ce qui est la première de ses qualités, la qualité *sine quà non* de son existence. Mais les variétés américaines sont encore nouvelles et, nous le répétons sans nous lasser, nous n'avons quelque certitude à cet égard que pour deux variétés, le *Jacquez* et le *Riparia*, toutes celles qu'on nous a vantées, en dehors d'elles, ayant invariablement donné plus de mécomptes que de succès.

CHAPITRE X.

CULTURE DES VIGNES AMÉRICAINES.

§ 1er.— *Labours à la charrue, Labours à la main.— Bineuse et Ratisseuse à cheval. — Arrosage des Plantations.— Époque de la taille de la vigne.— Enfouissement de la jeune vigne.*

Labours à la charrue, Labours à la main.—La

culture de la vigne américaine ne diffère de celle de nos vieilles variétés européennes que sur quelques points que nous allons indiquer.

Les labours à la main et avec l'attelage doivent être plus fréquents. Leur maximum ne saurait être indiqué ; il dépend, pour le labour attelé, de l'état des pampres qui, couvrant le sol, empêchent le passage de l'attelage. Mais le minimum est fixé d'une manière invariable : on doit donner un labour superficiel, à la charrue, tant qu'il est possible, parce qu'il est ainsi moins coûteux et plus rapide, et à la main, travail qui est toujours plus long, mais toujours faisable, quand le labour attelé n'est plus praticable, toutes les fois qu'une pluie fait crevasser le sol ou toutes les fois que les mauvaises herbes envahissent la vigne.

Cette règle ne souffre pas d'exception et j'ai vu des cas où des vignes *Jacquez* et *Riparia* paraissaient très-malades pour ne pas l'avoir appliquée.

La nécessité de ces œuvres superficielles, répétées, se fait sentir, surtout, la première année, où elles sont toujours praticables et diminue toutes les années, quand les pampres couvrent mieux le sol.

Bineuse Rattisseuse à cheval. — Comme on ne doit jamais perdre de vue l'économie de la main d'œuvre, nous conseillerons à ceux qui ne le connaissent pas encore l'emploi d'un instrument très-commode, que nous avons vu fonctionner plus d'une fois, dans nos tournées viticoles et, en dernier lieu surtout, chez M. Aguillon, à Chibron ; c'est une bineuse, qui, au besoin, devient ratisseuse à cheval et à trois petits socs. Un seul cheval suffit pour la trainer, deux ou trois raies suffisent pour le *quinconce*, et le travail est aussi rapide que parfait. S'il s'agit, non seulement d'ameublir le sol, mais encore de couper les mauvaises herbes, on ajoute à l'instrument la ratisseuse, espèce de lame de scie sans dents qui, venant après les socs, coupe les mauvaises herbes et surtout les chardons hémorrhoïdaux notre plus grand fléau. On peut se la procurer chez M. Pellet, à Gurgy par Seignelay (Yonne). Il est, néanmoins, évident que pour fonctionner avec toute sa perfection et le moins de force possible, cet instrument a besoin que le sol ait été précédemment ameubli par une œuvre de labour profond ; un ou deux labours pareils suffisent pour assurer, pendant toute la saison, le fonctionnement parfait de cette bineuse et comme elle permet le dédoublement des attelages et qu'elle accomplit 6 à 8 fois plus de travail, toute exploitation de quelque étendue qu'elle soit, peut, à chaque ondée, avec un nombre suffisant de ces instruments et sans augmenter son capital vivant, biner facilement et rapidement ses vignes.

Mais appuyons sur ces réserves : cet instrument ne remplace ni la charrue ni l'ouvrier ; il leur vient seulement en aide, quand le labour, devant être superficiel et demandant plus de rapidité que de puissance ou d'adresse, leurs forces seraient mal employées et inutilement dépensées.

Arrosage des plantations. — Nous avons déjà dit que, quand le défoncement a été assez profond, les pieds nouvellement plantés, n'avaient jamais besoin d'arrosage ; mais quand ce défoncement n'a pas été suffisant, quand la saison est d'une sécheresse excessive, un ou deux arrosages, lorsqu'on dispose d'eaux suffisantes, n'est pas inutile aux plants racinés et peut sauver les boutures franches d'un désastre.

Le binage est toujours indispensable après l'arrosage, et nous répétons ici ce qu'on ne doit pas oublier : *un binage vaut souvent mieux qu'un arrosage. En conséquence mieux vaut ne pas arroser quand on ne peut biner.*

Lorsque la saison de la pousse est venue ; quand

on a débarrassé les jeunes plants de leur abri de sable
ou de tous autres, on ne s'occupe plus d'eux, à la
première année, que pour leur donner les soins de
culture dont nous venons de parler.

Dès la fin de cette année la jeune vigne fournit, dans
les bons terrains, quelques boutures utilisables soit
pour la plantation directe, soit pour la pépinière, et
quelques brindilles destinées exclusivement à la pépinière, en tant qu'il vaut la peine d'utiliser leur produit, soit pour la vente des plants racinés, soit pour
l'usage personnel du viticulteur.

Époque de la taille de la vigne. — Ici se pose naturellement la question de l'époque de la taille.

Il est inutile de dire que cette époque peut être modifiée suivant les circonstances de temps, de lieu et
de variétés choisies. Les Américains taillent, et avec
raison, leurs vignes dès que les premières gelées,
toujours moins intenses, les ont dépouillées de leurs
feuilles. Cette précaution soustrait, ainsi, à l'action
destructive de ces gelées dont nous avons éprouvé
les effets malheureux l'an passé, les boutures qu'elle
permet de conserver en jauge, comme nous l'avons
dit et les pieds, qui, n'étant alors pas élevés, sont
facilement enfouis sous une couche de terre.

Enfouissemeut des vignes jeunes. — Si cette opération n'est, en effet, pas indispensable pour préserver
la vigne de ces accidents, très-rares chez nous,
elle lui est très-utile, au printemps, en la soustrayant
efficacement et pendant beaucoup plus longtemps,
qu'on ne le croit généralement, à l'action des chaleurs
précoces. On surveille avec soin, à cette époque, les
progrès de son développement, et on ne la déterre
que quand on ne craint plus le froid, ou lorsque, le
bourgeon commençant à se développer, le moindre
contact pourrait lui être funeste.

§ 2.— *Grand œuvre d'hyver.— Piochage.— Remplacement des pieds morts.— Recépage des pieds malades. — Comment derons nous tailler. — Taille
du Jacquez.*

Grand œuvre d'hyver.— L'enfouissement est très-
facile, à la première année, et peut être opéré à la
charrue en renversant la terre sur la ligne. Mais le
déterrement devient un peu plus minutieux au printemps ; quand la charrue s'est assez approchée pour

qu'on puisse craindre de blesser le pied , le travail
doit être achevé avec soin et à la main ; il prend alors
le nom de grand œuvre d'hyver.

En l'exécutant , l'ouvrier aura soin de déchausser
la vigne américaine jusqu'à un niveau inférieur à
celui qu'atteint habituellement la culture , pour supprimer, comme on le faisait pour nos vieilles variétés,
les petites racines superficielles qui, dans les plantations nouvelles, sont de vrais pépinières de phylloxera.

Recépage des pieds malades. — Il recépera , s'il y
a lieu , le vieux pied mal venus au dessus du sarment
qui se sera le mieux développé à la partie inférieure
ou souterraine de la bouture.

Remplacement des pieds morts. — On devra ,
aussi, renouveler, ou mieux, remplacer par des racinés , les pieds qui auraient péri ou qui n'auraient pas
poussé. Cette opération étant très-nuisible aux
pieds, que l'on plante et à leurs voisins, le fossé ,
destiné aux racinés de remplacement, devra être
assez large et assez profond pour loger non seulement la nouvelle bouture, mais encore une notable
quantité d'engrais.

Les soins culturaux devront être les mêmes à la

deuxième qu'à la première feuille ; mais quelquefois la jeune plantation pousse si vigoureusement que le moindre vent abat les sarments ; Il faut, alors, avoir soin de les protéger , comme nous l'avons dit déjà , sans jamais les charger directement d'un poids , tel que pierres , mottes , etc., qui arrêterait leur développement et qui , multipliant la chaleur solaire , en ferait le plus souvent périr la partie située au dessus.

On peut, quelquefois aussi, procéder au marcottage d'été du sarment ; ce n'est, pourtant, pas là un procédé de culture particulier, mais un simple expédient utile peut être au propriétaire, sans jamais l'être au pied de vigne.

A cette deuxième année, on conçoit que les frais de culture à la main augmentent dans la même proportion que diminuent les frais de culture à cheval, le développement et la fragilité du sarment éloignant de plus en plus les attelages des lignes.

A mesure que la vigne se développe , ses conditions de culture se compliquent aussi ; il nous a été facile la première année de tailler presque sur le vieux la bouture nouvelle ; l'enfouissement préconisé n'a pas donné beaucoup de peine aussi ; mais les difficultés naissent maintenant et il nous sera difficile , désormais, de procéder à cette opération à l'aide de la charrue seulement, la main de l'ouvrier devant parfaire l'œuvre incomplète de l'instrument. Viendra, enfin, le moment où le pied sera trop développé pour que les frais d'enfouissement ne s'élèvent au dessus des ressources du cultivateur qui, dans nos contrées, sera obligé de tailler comme nous le faisions naguère; sans compter que, dans les pays humides où les rosées blanches sont habituelles, le viticulteur sera forcé d'élever, aussi vite que possible, la vigne au dessus du point généralement atteint.

Puis la force et le nombre des pieds augmentant, il ne sera plus, pour lui, question de l'époque de la taille, parce que, son personnel devenant insuffisant, cette opération s'étendra, alors, à toute la durée de l'hyver. Mais dans les pays plus froids que les nôtres et où les sarments seraient infailliblement gelés chaque année, la pratique américaine doit être rigoureusement suivie pour ne pas s'exposer à planter au printemps suivant des boutures avariées.

Nous pouvons, encore, chez nous, quand l'hyver n'est pas trop rigoureux, retarder la taille bien avant dans la saison. On surveille, alors, le gonflement des bourgeons et cette époque arrivée, on taille aussi

promptement que possible. Les boutures étant coupées de longueur, sont enfouies, le plus tôt possible
aussi, dans une jauge très-froide et très-sèche et on
ne les plante que quand elles commencent elles-mêmes à pousser. Laisser les boutures sur pied, pour
ne les planter que quand le sarment s'est développé,
est un non-sens, car l'œil, exposé directement à la
chaleur extérieure, poussera toujours plus promptement que la racine enfermée dans la terre encore
froide, si le sarment n'a pas subi le travail préparatoire de la *stratification*.

Comment devons nous tailler les vignes.— il ne
s'agit plus, maintenant, de savoir à qu'elle époque on
doit tailler ; il faut se demander comment il faut tailler.

Chaque pays a ses habitudes à ce sujet et brusquer
ces habitudes, pour introduire des usages nouveaux
et contraires, est une tentative qui réussit bien rarement. Nos ouvriers sont familiarisés avec la taille
courte sur souche basses ; toutes les variétés de vignes, qu'elles soient françaises ou américaines, ne se
plient pas également à ce procédé ; mais, comme il
est plus facile de changer la variété de vignes que les
habitudes locales, si celle qu'on a choisie ne se plie
pas à ces habitudes, on en cherche une autre. C'est

ce qui a été fait pour l'*Herbemont* que le *Jacquez* a promptement et facilement supprimé.

Taille du Jacquez. — Mais est-il avantageux de donner au *Jacquez* la taille longue au lieu de la taille courte ? C'est là une question que nous allons étudier.

Rien n'est plus beau que la fructification du *Jacquez* taillé en lignes basses, quand on a le soin, au lieu d'augmenter le nombre de bras du ceps, de laisser les éperons plus longs, de les tailler à 3 ou 4 œils par exemple. La main qui fait, plus tard, la récolte a souvent de la peine à débrouiller les grappes serrées, enchevêtrées qu'il donne ; c'est un panier entier de vendange suspendu aux sarments et il n'y a la d'autres soins à donner à la récolte qu'un léger épamprage, pratiqué quelques jours avant la maturité dans le but de la hâter et de faciliter la récolte.

Lorsqu'on laisse un sarment de 60 à 80 centimètres de chaque côté, l'aspect est plus séduisant encore : les grappes disséminées le long de cette flèche, s'étalent avec complaisance, montrant l'aspect gracieux d'une bordure de tapisserie ; mais quels soins minutieux et incompatibles avec la grande culture ne doit-on pas apporter ! Quel personnel nombreux ne faut-il pas consacrer à l'hectare ! Quelle dépense incroyable pour les tuteurs, les fils de fer, les liens ! Puis enfin quelle vigilance de tous les jours pour rattacher les sarments qui s'égarent, les liens que rompent les vents ! Non, la grande culture est impraticable à ce prix ! J'ai, avant d'autres, essayé ce système, mais je l'ai vite abandonné et il n'y a guères que ceux qui font de l'agriculture en théorie ou qui veulent parer leurs drogues pour la vente, qui puissent persister dans ces errements.

Palisser les vignes quand ce n'est pas contre un mur et pour augmenter la chaleur qu'elles reçoivent, c'est les cultiver en treille perpendiculaire. On sait déjà le prix des raisins et des vins qui proviennent de vignes ainsi conduites. Mais si l'on est obligé de choisir une variété qui, comme quelques-unes de nos anciennes de table, ne portent leur première grappe qu'au 10° nœud, on doit renoncer à la culture de la vigne dans nos pays; nos vins n'ayant pas assez de valeur pour qu'elle soit rémunératrice.

Ainsi, donc, je résumerai mon opinion : allongez l'éperon sur vigne basse; multipliez les porteurs, s'il le faut; mais mieux vaudrait cultiver en chaintre, culture qui ne demande presque ni soins ni mise de fonds, que sur treilles, système qui n'est applicable

que dans un jardin d'agrément ou pour des produits
d'une valeur qui n'atteindront jamais les nôtres.
Quoiqu'on fasse, enfin, le *Jacquez* ne produit qu'un
vin exceptionnel, un vin de coupage et comme, quand
on possède un vin de coupage quelque supérieur qu'il
soit, il en faut un autre à couper, nous arrivons tout
naturellement aux porte-greffes.

CHAPITRE XI.

DU GREFFAGE.

§ 1er.— *Du Porte-greffe.— Qualités d'un bon Porte-
greffe.— Influence du Porte-greffe sur le greffon.
— Choix des Porte-greffe.— Le Mildew.*

Nous avons établi que le *Jacquez*, comme producteur direct n'exigeait pas d'autre culture que notre
vieille vigne; que c'était là, entre beaucoup d'autres,
une des principales raisons qui doivent le faire adopter de préférence dans notre pays ou nous le voyons
prospérer partout; nous avons prouvé, enfin, que
ceux qui suivent, pour lui, une culture spéciale com-

me le palissage américain sur piquets et sur fils de fer n'avaient pour but que de pousser à la vente en montrant un trompe l'œil et nous somme certains qu'avant peu, les boutures foisonnant partout et tombant à vil prix, ils seront les premiers à abandonner cette onéreuse méthode. Le public viticole commence, d'ailleurs, à distinguer sa voie au milieu des théories, des procédés plus ou moins intéressés mais, souvent, peu intéressants qu'on fait, dans un but inavouable, miroiter à ses yeux. Il sait, enfin, que dans nos pays l'avenir de la viticulture n'appartient pas aux producteurs directs, mais aux porte-greffes qui reproduiront directement les vins de luxe de nos crus les plus renommés et qui nous donneront, par la propagation des hybrides nouveaux mais surtout des hybrides Bouschet l'abondance en même temps que la coloration.

Nous avons parlé du *Greffage* au point de vue de la multiplication rapide des boutures, nous devons reprendre cette question au point de vue de la reconstitution de nos vignobles.

Du Porte-Greffe. — On nomme *Porte-greffe* ou *sujet* la bouture ou le pied destiné à recevoir la greffe. Nous avons en temps opportun parlé, déjà, du *porte-*

greffes européen ou non résistant nourrissant temporairement , pour notre plus grande utilité, la *variété résistante* qui , malgré cette opération succombe infailliblement à de très-rares exceptions près (*cas d'affranchissement*) quand, sous les attaques du phlloxera, périt le pied qui la supporte. Nous venons , actuellement, renverser les termes , **car** , à l'avenir, notre porte-greffe défiera les attaques de l'insecte et la variété européenne qu'il portera et qui constituera le *Greffon* vivra autant que le porte-greffe condamné par nous à le nourrir, c'est-à-dire indéfiniment.

Qualités du Porte-greffe.—La première qualité du porte-greffe sera , donc, la résistance ; non point cette résistance théorique qui n'est qu'une abstraction scientifique, mais la seule résistance pratique , c'est-à-dire celle qui résulte des deux facteurs indispensables à la durée de la vigne : *la résistance à l'insecte et l'adaptation au sol, au climat, etc.*, etc.

Une autre qualité non point indispensable cette fois, mais très-essentielle, aussi, au porte-greffe, c'est la facilité de multiplication, ce qui ne comporte pas la facilité de reprise des boutures seulement, toujours plus longue, mais aussi la facilité de reproduction par semis, procédé que j'ai indiqué déjà et qui, pratiqué à propos, nous eut évité les désastres qu'un haut patronage nous a, tout d'abord, infligés en multipliant, sous prétexte de facilité de reprise, les boutures des variétés les moins résistantes (*Clintons*, *Taylor's*, *Concord's*).

Une troisième qualité est aussi nécessaire que les premières : c'est l'adaptation des deux termes *sujet* et *greffon* ; ce rapport entre les deux variétés que l'on veut marier est si important que l'on a proposé de distinguer par ce caractère l'*espèce* de la *variété* : Quand deux végétaux se souderaient par la greffe, ils constitueraient deux variétés de la même espèce, et quand la greffe ainsi pratiquée ne réussirait pas c'est qu'on aurait a faire à deux espèces différentes. On a proposé, aussi, de les distinguer à l'aide du semis et il faut avouer que ce serait très-rationnel, car aujourd'hui, encore, aucun savant ne saurait nous dire ou finit l'espèce ou commence la variété.

Influence du sujet sur le greffon. — Il convient encore que le *sujet* appartienne à une variété au moins aussi vigoureuse que le *greffon ;* mais cette qualité n'est pas indispensable ; c'est là une simple mesure de prudence, car si l'on connait quelques faits qui prouvent que le *sujet* communique sa vigueur au *greffon*, il y a maints exemples à citer que la faiblesse du *sujet* se communique souvent à son élève. On sait, en effet, que greffé sur *Cognassier*, le *Poirier* perd de sa vigueur, circonstance dont profitent les pépiniéristes pour obtenir des arbres à espalier ; le *pommier* si vigoureux sur franc devient nain sur *Paradisier* ou sur *doucin* ; l'*Abricotier*, le *Prunier* éprouvent le même sort greffés sur épine noire ou sur *Prunellier* ; alors que le *Pavia*, relativement si faible, ne voit nullement augmenter sa vigueur quand on le greffe sur *Marronnier d'Inde*. Le *Tilleul argenté* greffé sur notre *Tilleul commun* se trouve dans le même cas. Je pourrais continuer cette nomenclature ; mais je me borne à citer des faits tirés de ma pratique personnelle qui me permet d'affirmer que, comme mesure de prudence, toutes choses étant égales d'ailleurs, on doit choisir le porte-greffe le plus vigoureux.

Cette vigueur est nécessaire, aussi, pour la rapidité de notre reconstitution : si le sarment est assez épais pour recevoir la greffe quelle quelle soit et s'il réunit en quantité suffisante les qualités que nous lui avons attribuées plus haut, il faudra pour la *bouture greffée* avant la plantation préférer cette variété quand bien même elle ne forme que très-lentement son pied et , l'on devra pour la greffe sur place, choisir celles dont le tronc se forme rapidement.

Choix des porte-greffes.— Connaissant, actuellement, toutes les qualités que doit réunir un bon porte-greffe nous pourrons déterminer en toute sûreté notre choix :

Le *Jacquez*, à cause de la grosseur de ses sarments et de la rapidité avec laquelle il forme son pied, serait un excellent porte-greffe; mais ses boutures sont cotées encore à un prix très-élevés, inconvénient majeur aujourd'hui qui pourtant disparaîtra demain. Il s'adapte presque à tous les sols sous nos climats mais nous en connaissons d'autres plus faciles, encore, que lui sous ce rapport et qui supportent sans souffrir des températures capables de le tuer sans rémission. Quoique doué d'une résistance insigne il le cède à quelques autres ; voilà pourquoi nous ne le conseillerons pas comme porte-greffe bien que l'expérience aie démontré qu'il accepte presque toute nos variétés.

Le *Solonis*, tant vanté, s'adapte aux différents sols plus difficilement que le *Jacquez* et cette susceptibilité, malgré sa résistance indiscutable, malgré sa vigueur inouïe, malgré la dureté de son bois qui facilite beaucoup l'opération, malgré son foisonnement doit le faire placer après d'autres.

Le *Yorck's Madeïra* jouit du degré de résistance le plus avéré. Il produit une récolte minime, il est vrai, qui doit, pourtant, entrer en ligne de compte. C'est le fait de *Chibron* qui lui a fait atteindre l'apogée de la renommée ; on a oublié, pourtant que, si beaucoup de variétés américaines sont mortes là, on y en rencontre un assez grand nombre qui y vivent malgré leur faiblesse sous ce rapport. Cependant comme adoptation, comme vigueur du pied, comme épaisseur des sarments, il reste bien loin des précédents, ce qu'il est facile de constater dans mes terrains si variés.

Je ne parlerai pas plus du *Clinton Vialla* que de l'*Oporto* quoique *Yorck's*, *Clinton Vialla*, *Oporto*, appartiennent à des variétés assez voisines pour qu'on puisse les confondre quelques fois à première vue.

Le *Clinton Vialla* avec ses gros grains foxés ne produit presque rien ; avec ses grains non moins gros et leur énorme quantité de matière colorante qui en fait une vraie fuchsine l'*Oporto* ne donne guère plus. L'*Yorck's* qui des trois donne la meilleure récolte ne peut être lui-même considéré comme producteur direct.

L'*Oporto* à cause de sa vigueur serait pourtant le premier des trois si la reprise de ses boutures n'était pas très-difficile. Chez mon honorable ami M. Victor Ganzin au Pradet et M. le baron de Peloux au Puget de Cuers, sa résistance s'affirme chaque jour ; mais là, comme chez moi, l'épreuve est insuffisante encore; ses sarments de l'année très-épais sont aptes à donner des boutures pour la greffe et son pied grossit rapidement.

Le *Clinton Vialla* reprend, au contraire, avec une merveilleuse facilité, mais ses sarments sont minces et sa résistance et sa facilité d'adaptation n'ont, encore, rien de certain.

J'élimine, à regret, l'*Herbemont* à la grappe splendide mais très-dur à la reprise, le *Cunningham* et le *Rulander* qui donnent, le dernier surtout des greffes souvent très-faibles, enfin beaucoup d'*Æstivalis* nouveaux et encore à l'étude, j'arrive aux *Riparia*.

Qu'on ne dise pas que je prône, ici, le *Riparia sauvage* parce qu'il est un peu mon enfant; je l'ai conseillé avec mes bons amis MM. Ganzin et Despetis, mais on s'en souvient, j'ai pendant plusieurs années fait des réserves : c'est qu'il me fallait chercher les causes de certaines défaillances qui me sautaient aux yeux, quelque rares qu'elles fussent. Mais, quand j'ai été certain que ces accidents étaient dus, non point à la qualité intrinsèque de la variété mais au changement d'habitat de chacun d'elles ; quand l'expérience m'a prouvé que le *Riparia sauvage qui n'a jamais été greffé reproduit par le simple semis et invariablement le type dont il provient et que ce semis lève parfaitement ici* je l'ai vanté et le vante, encore, sans restriction.

Le *Riparia sauvage*, quelles qu'en soient les formes, est et restera pour moi le premier des Porte-greffes. Sa résistance est incontestablement insigne. Il se multiplie facilement de boutures et de graines et cela partout même là ou ne réussissent ni *Jacquez*, ni *Solonis*, ni *Yorck's Madeira*, ni *Clinton Vialla*. Il foisonne sinon plus ou moins autant que le *Solonis* ; ses premiers sarment, souvent très-épais, sont éminemment propres à constituer des *Boutures Porte-greffes*. Dans les bons terrains son tronc acquiert, souvent, aussi, dès la première année une grosseur suffisante pour être greffé sur place ce qui vaut toujours mieux. Dans les mêmes conditions ses brindilles les plus minces, mises en pépinière, donnent, alors, des racinés souvent assez forts pour être greffés avant

13

leur replantation. Enfin mon expérience personnelle m'a appris qu'il accepte volontiers la greffe de cent variétés françaises que j'ai essayées sur lui.

Le succès de greffage le plus étonnant que j'aie, cette année, obtenu sur lui m'a été fourni par une variété greffée sur pieds à leur troisième feuille reçue parmi les *Alicante-Bouschet* et que j'ai cru reconnaître comme le *Grand-noir de la Calmette*. Chaque pied m'a donné trois à quatre sarments mesurant en moyenne six mètres de longueur avec de très-belles divisions secondaires et portant trois ou quatre grosses grappes sur le pied primitif et sur les autres rameaux une foule de grapillons qui sont arrivés à maturité.

Les *Alicante-Bouschet*, surtout la *variété précoce*, m'ont donné une reprise générale, des grappes plus belles, de plus beaux grains, mais des sarments moins longs, moins aoûtés, en revanche, pourtant, plus nombreux. Placées au milieu des précédents comme terme de comparaison, les mêmes variétés greffées sur *Taylor's* sont d'une faiblesse déplorable et ont contribué à asseoir les convictions de mes nombreux visiteurs.

Le Mildew. —Ajoutons que les *Hybrides-Bouschet* ont beaucoup moins souffert de notre vieille rouille

(*aujourd'hui Mildew*) que les autres variétés françaises ; le *Riparia*, le *Jacquez*, l'*Herbemont* s'étant
mieux conduits qu'eux sous ce rapport, mais notre
vieille *queue de Renard* (ou uni blanc), notre vieil
Aramon (ou uni noir) leur étant supérieurs et ma
Berlandière les dépassant toutes puis qu'aujourd'hui
4 octobre, malgré la gelée et le prétendu *Mildew*
américain, elle est encore couverte de ses raisins mûrs
et de ses feuilles à peine atteintes par la gelée.

Nous adopterons, donc, pour notre porte-greffe universel le *Riparia*, en plaçant les *Tomenteux* (le mot
pubescent étant, en ce cas, un contre sens) dans les
endroits humides, les *Glabres* et les *Vernis* dans les
endroits secs ou humides où ils prospèrent également
et les *Sericea* (vrais pubescents parce qu'ils n'ont que
quelques poils *Pubescere*) et qui sont caractérisés
par le reflet miroitant (ou de taffetas) de leurs feuilles
dans les sols intermédiaires.

Nous trouverions, certainement, d'autres distinc-
tions à établir parmi les nombreuses variétés de cette
inépuisable tribu ; nous n'avons, en effet, fondé que
les bases d'une classification, traçant les divisions
principales dans lesquelles rentreront toutes les sub-
divisions, parce que ce sont les seules, qui aient quel-

qu'importance , non pas seulement, à l'égard de la greffe pour laquelle elles montrent une égale aptitude mais au point de vue de l'adaptation plus ou moins parfaite.

Nous ne devons, néanmoins, pas nous hâter de rejetter les porte-greffes difficiles à la reprise ; nous avons constaté que la greffe avant plantation augmente de beaucoup cette aptitude et pour utiliser ces variétés qui , comme la *Berlandière* , peuvent réunir de rares qualités au point de vue de la résistance, il n'y aura qu'à mettre en pépinière des *Boutures-greffes* qu'on a le tort , en renversant improprement les termes, d'appeler des *Greffes-Boutures* variété dont nous parlerons aussi.

N'oublions point , avant de passer à la description de la greffe, de parler d'un porte-greffe que nous avions omis : il s'agit du plant raciné que l'on peut greffer avant de le replanter. Quand ce plant qui, nécessairement , devra réunir les qualités que nous avons exigées plus haut pour tout porte-greffe, est assez fort, il n'est jamais inutile d'essayer de le greffer avant la plantation. Cette opération ne saurait nuire au plant lui-même puisque ses racines assurent son succès et, qu'au contraire , les racines déjà existantes facilitent beaucoup la reprise du greffon; enfin, dans les pires conditions, la greffe ne reprenant pas, rien n'empêche de recommencer plus tard cette opération.

Au milieu des innombrables variétés de greffes que, bien qu'elles soient connues depuis longtemps, les modernes Christophe Colomb de la viticulture inventent tous les jours et parmi le galimatias inintelligible des Améric Vespuce actuels, jaloux d'attacher à quelque chose leur nom justement obscur, nous ne retiendrons et ne décrirons que deux procédés par ce que ce sont les plus vieux, les plus sûrs et les plus faciles à exécuter, renvoyant, pour je ne sais combien de milliers d'autres et seulement, afin de n'être pas appelé retardataire, au traité si complet de M. Baltet et mieux au traité spécial de l'humouristique M. Champin le spirituel et habile viticulteur.

C'est la greffe en fente qui m'a donné mes succès d'*Hybrides-Bouschet* sur *Riparia;* c'est la greffe anglaise pratiquée avec la machine de M. l'ingénieur Petit à Toulenne-Langon Gironde qui m'a donné mes succès sur *Boutures-greffées* avec cent variétés françaises; ce sont aussi les seules greffes que je veuille décrire et d'abord :

§ 2.— *Greffe en fente à demeure.—La vigne recouvre ses plaies comme les autres végétaux.— De la soudure de la greffe.— Faut-il greffer avant ou après plantation.*

De la greffe en fente à demeure.—J'ai, déjà, décrit cette greffe à propos de la multiplication des boutures; j'ai, aussi, parlé de l'outillage borné et nullement spécial qu'elle réclamait, mais je dois maintenant repéter quelques explications que je crois nécessaires.

Cette greffe peut être pratiquée quelque soit l'âge et la grosseur du pied, mais il vaut mieux greffer une vigne d'un certain âge et d'une certaine épaisseur qu'un pied trop faible encore ou trop vieux et malade.

Le pied est trop jeune, quand la fente pratiquée avec précaution et le greffon inséré avec précaution aussi, la greffe n'est pas assez serrée, retenue avec une force suffisante, ce qui obligerait à la lier, travail efficace, il est vrai, mais qui compliquerait l'opération que l'on trouve déjà trop longue et trop difficile.

Le pied serait trop vieux, au contraire, si le centre était pourri et le bord n'offrait qu'une zône vivante insuffisante pour y placer le greffon; mais ce cas ne pouvant se présenter actuellement ne nous arrêtera pas.

Il en est de même de celui où le pied étant trop vigoureux les deux côtés de la fente écraseraient le greffon ; nous avons dit plus haut ce qu'il fallait faire alors, nous n'y reviendrons plus.

La vigne recouvre ses plaies comme les autres végétaux.— Que faut-il penser, maintenant, de l'opinion généralement reçue que la vigne ne recouvre pas ses plaies ? Elle est aussi fausse qu'accréditée :

J'avais planté une vigne très-importante de *Primaris muscats* dont je voulais expédier les fruits pour le marché ; la saveur particulière de la grappe déplut aux Parisiens qui n'acceptent que l'insipide chasselas ; les maraudeurs me volaient ma récolte. Après dix ans de plantation, je greffai les pieds primitifs moitié d'un côté en *Terret-Bourret*, moitié en *Mourvèdres*, ayant soin d'enduire l'une de ces moitiés avec du mastic *l'Homme-Lefort* et d'obstruer la fente avec de la bourre à bât. L'autre ne reçut ni mastic, ni bourre. Rien ne fut lié. La reprise fut générale et s'il y avait quelqu'inégalité elle n'était nullement en faveur du mastic.

Mes greffes produisaient à peine, quand arriva le

phylloxera ; je regreffai de nouveau et avec un très-beau succès en *Jacquez* les mêmes pieds à la 4ᵐᵉ année et en arrachant, soit l'an passé, soit il y a quelques jours, ces doubles greffes qui se mouraient, j'ai pu constater que la vigne offrait la figure de trois cylindres superposés diminuant de grosseur selon leur âge.

La coupe du haut en bas ma prouvé que, malgré les plus savantes affirmations les bois ne se soudent jamais ce qui était facile à prévoir pour le physiologiste. La pousse annuelle recouvrant la pousse précédente comme deux cornets superposés ; les faisceaux des fibres descendus du greffon ont d'abord formé un empatement qui a fini par recouvrir la vieille souche sans se souder, ce qui est impossible, la vie végétale résidant toute entière entre le liber et l'aubier ; mais, ce qu'il faut bien remarquer c'est que, quoique le greffon fut placé sur un seul côté, c'est-à-dire latéralement, le cylindre était régulier parce que l'accroissement ne trouvant aucun obstacle extérieurement se faisait, là, plus rapidement qu'à l'intérieur ; le même phénomène se reproduisait pour le cylindre supérieur ou le plus petit.

La vigne recouvre, donc, ses plaies de la même

manière que tous les végétaux Dycotylédonés mais il faut, pour cela, qu'elle soit jeune et vigoureuse, c'est-à-dire que l'invagination puisse s'opérer avant que le pied recépé ne soit mort ; car, si une trop grande partie de la circonférence du pied cesse de vivre avant que l'élargissement des faisceaux descendant du greffon n'aient eu le temps de le recouvrir, le pied pourrit, se creuse, mais l'invagination a toujours lieu ; j'ai pu vérifier le fait sur de vieilles treilles recépées une première fois il y a 30 à 35 ans ; le chicot s'était pourri, les couches ligneuses l'avaient recouvert en suivant la ligne de vie, imitant une véritable oreille de lièvre ; un creux était formé par le vieux pied détruit, un pavillon par la nouvelle tige ; enfin, j'ai pu dans quelques cas constater la cicatrisation complète. Dans ces vieilles vignes, de la partie supérieure d'un corps énorme partait la nouvelle tige relativement grêle et ce qu'il y a de plus curieux c'est qu'ayant trouvé, au centre de cette espèce de tête, la cavité laissée par le vieux tronc détruit, je les ai, après un recépage radical greffées sur leur circonférence, très-vigoureuse encore, avec le plus grand succès, sans enduit, sans lien et avec la seule précaution, parce qu'elles étaient sur des terrasses dallées, de rapporter de la terre pour les recouvrir.

Si, ce qui est vrai, la vigne recouvre plus difficilement ses plaies, c'est parce que le grossissement, ou
mieux l'épaississement des tiges sarmenteuses se fait
plus lentement que dans les autres végétaux.

J'ai, maintefois, trouvé au centre de pins centenaires
ou de châtaigniers plusieurs fois séculaires, de vieux
chicots portant des traces d'incendie ; ils avaient été
invaginés sans soudures; ils se détachaient sans peine
et si je m'amusais à suivre les veines ou couches du
bois, c'est-à-dire les traces laissées dans le cœur de
l'arbre par l'accroissement de branches supprimées
autrefois à la taille, j'aboutissais, certainement, à la
surface de coupe toujours très-apparente et facile à
désunir très-nettement avec un ciseau de menuisier ;
a-t-on jamais dit pour cela que pins et châtaigniers
ne recouvrent pas leurs plaies ?

De la soudure de la greffe.—La soudure est, donc,
le résultat inévitable de la greffe, c'est-à-dire que si
la soudure n'a pas lieu, c'est qu'on a pris pour un
résultat ce qui n'en avait que l'ombre. C'est que, les
deux variétés que l'on a mariées, n'étant pas voisines,
ne peuvent se greffer, je n'en citerai qu'un exemple :
greffez le *Bigarreau-Napoléon* sur le *Griottier* de nos
bois, vous obtiendrez, la première année un jet splen-

dide, des fruits certainement à la deuxième année ; mais la végétation est arrêtée, l'arbre passe à l'état nain, le cal qui se forme au point de réunion produit sur le nouveau pied l'effet de l'incision annulaire. Si celle-ci est presque linéaire, l'opération ralentit l'accroissement et l'arbre se met à fruit, mais la soudure se fait bientôt sur les deux lèvres de la plaie ; l'année suivante l'action est moindre ; elle s'efface quand l'équilibre est rétabli. Qu'au contraire l'arbre soit dépouillé d'une partie circulaire assez large de son écorce, il se met à fruit, mais succombe bientôt ; on voit, alors, les fibres ligneuses ou mieux la végétation s'élancer de la partie supérieure en plusieurs faisceaux ; si l'un de ces faisceaux arrive au contact de l'écorce inférieure avant qu'elle ne soit frappée de mort, elle s'introduit sous cette écorce, descendant, comme on fait descendre le greffon quand on greffe à la sève, entre le bois et l'écorce et si le faisceau est assez fort pour nourrir seul la tige entière, l'arbre est sauvé, il souffrira, mais avec le temps se réparera.

Le cal produit par la greffe a la même action physiologique que l'incision ; quel qu'il soit, c'est un signe d'affaiblissement de végétation ; il annonce le passage de l'arbre à l'état nain. Si le cal n'est pas trop marqué il abrège la durée du végétal, quand il l'est trop il le tue plus ou moins rapidement. Le *Bigarreau-Napoléon*, le *Poirier sur Cognassier*, le *Pommier et le Poirier sur Aubépine* le prouvent surabondamment et cependant quand il y a cal la soudure est parfaite et la coupe technique du cal ne permet nullement de séparer les deux végétaux malencontreusement associés, c'est-à-dire accouplés contre nature. C'est là une espèce de mulet dans un autre sens ; il vit mais ne saurait se perpétuer. Il est donc, inutile, d'invoquer ici le défaut de soudure et l'on ne doit jamais dans l'intérêt de leur durée greffer, l'une sur l'autre, des espèces formant cal.

Faut-il greffer avant ou après plantation. — Il s'agit maintenant de savoir s'il vaut mieux planter les porte-greffes en place pour les greffer ensuite ou greffer, avant toute autre opération, la bouture avant de la planter.

Il serait rationnel de conseiller de planter des boutures déjà greffées, d'autant plus que nous avons constaté que l'opération de la greffe facilitait la reprise des variétés difficiles et qu'on est maître de greffer l'année suivante celles qui n'auraient pas repris à la première année ; mais n'oublions pas que nous avons dit, aussi, que l'association anormale de deux variétés faisait sentir ses effets d'autant plus longtemps que les traces de l'incision annullaire et dans le cas présent de la greffe se trahissaient plus nettement à l'extérieur ; que le cal, qui n'est que l'exagération de ces traces, mettait les greffes à fruit plus rapidement que ne le font les pieds francs ; nous en déduirons la conséquence que quand on a bien choisi, quand on connait bien les rapports des deux variétés que l'on veut associer, mieux vaut greffer tard que tôt.

Si, en effet, on greffe trop tôt, la mise à fruit est plus précoce, mais elle se fait aux dépends de la vigueur des deux végétaux associés, car on sait que la mise à fruit de trop bonne heure épuise le pied, puisque on va jusqu'à supprimer les fruits qui se montrent en ce cas.

Si, au contraire, on greffe après la 2me, après la 3me feuille la reprise de la greffe est presque assurée ; on peut dans certains cas obtenir l'année même une récolte qui ne laisse pas que d'avoir son prix et les greffes, comme nous venons de le dire, se développent avec une vigueur incomparable ; enfin, comme la gène apportée par l'opération disparait plus lentement , la production du fruit est, en ce cas, supérieure et attaque beaucoup moins la vitalité du plant. Ajoutez encore qu'à l'époque actuelle les bois produits avant le greffage ne sont pas sans valeur et peuvent parfaitement être utilisés pour soi ou pour la vente.

§ 3.— *De la Bouture greffée.— De la Greffe-bouture. — Greffe anglaise à la main.— Greffe anglaise à la machine Petit.*

De la bouture greffée. — Comme l'indique son nom et en dépit des tortures que nos savants ont infligées à la langue française pour dénaturer le sens des mots, nous appelons *bouture greffée* la bouture sur laquelle on a exécuté la greffe, tandis que nous appelons *greffe bouture* le greffon qui, implanté diagonalement sur le porte-greffe, doit, à ce qu'on prétend, se souder au point de contact avec lui tandis qu'il s'enracine dans le sol, devenant ainsi bouture par son extrémité inférieure.

M. Planchon qui a nommé *vitis Berlandierii* une variété dont j'ai signalé le premier les qualités quand Berlandier ne s'est douté de rien n'aura pas, je suppose, l'idée de contester ici le mérite de ma définition.

Il est, par conséquent, nécessaire, indispensable, pour que la bouture dont il s'agit mérite son nom, qu'elle soit greffée avant la plantation, car la greffer après serait une opération peu commode qui deviendrait, avec plus de raison encore, l'objet des sarcasmes de M. Champin.

Nous ferons, ici, comme pour le greffage sur place ; parmi tous les procédés usités nous choisirons le plus commode, le plus facile et le meilleur ce qui est tout un : la greffe à cheval ou en fente renversée, et la véritable greffe en fente ordinaire n'ont donné de bons résultats qu'à ceux qui n'en ont jamais pratiqué. Nous ne décrirons que la greffe anglaise que chacun peut exécuter à la main après un très-court apprentissage, mais que la machine de l'ingénieur Petit permet d'exécuter aussi sûrement que rapidement.

Voici comment on opère à la main :

Avec le couteau qui a servi pour préparer le greffon pour la greffe en fente, on pratique sur le côté d'un sarment muni de deux œils et de 10 à 15 centimètres de longueur moyenne, un biseau plus ou moins aigu ; on fend ce biseau sur son plat en faisant glisser le couteau sur le biseau de manière, si c'est possible, mais ce n'est pas indispensable que la fente dirigée du sommet du biseau passe au-dessous du canal médullaire ou moelle. On pratique la même opération sur la bouture qui doit avoir de 35 à 40 centimètres de longueur ; présentant, alors, les deux pointes en sens opposés, on les ajuste en les agrafant, chaque pointe pénétrant dans la fente opposée. On démontre cette opération en écartant l'un de l'autre les deux premiers doigts de chaque main, on les agrafe à plat en les rapprochant de manière que les deux index et les deux médius se touchent parallèlement dans toute leur longueur. On ligature avec un bon fil à voile sulfaté s'il est nécessaire et on englue, tout bonnement, avec de l'argile plastique et non mouilleuse.

Une excellente précaution à prendre, c'est de couper en biseau les deux pointes des biseaux de la *Bouture-greffée* de manière à faire paraître une légère partie de la base des biseaux ajustés ; la végétation forme, alors, sur les points nus mis en contact des bourrelets qui se soudent et fixent ces pointes qui pour peu qu'elles soient ficelées insuffisamment ont de la tendance à se relever en ailes.

Quand la greffe anglaise est bien pratiquée elle est d'une solidité à toute épreuve et si bien ajustée qu'il est, quelques fois, difficile à l'œil de la retrouver

On a dit que la coaptation des bords opposés des sarments n'était pas nécessaire, c'est une erreur, car si une greffe anglaise exécutée avec des sarments de diamètre différent peut reprendre pourvu que la coaptation ait lieu sur un côté, elle reprend, il faut l'avouer, rarement en ce cas; tandis qu'on peut compter sur un succès presque assuré en choisissant des greffons de diamètre égal à celui du porte-greffe la coaptation devant être parfaite alors.

Faite à la main, cette opération peut être exécutée dans la perfection; mais elle n'est, jamais, mathématique et demande un temps plus long; on obtient, au contraire, précision et rapidité à l'aide de la machine Petit.

Cette machine est un levier en fonte à un seul bras fixé par une extrémité à l'aide d'un boulon à écrou autour duquel il peut tourner et se mouvant à l'extrémité opposée sur une glissière par une manivelle placée au-dehors.

Ce levier plat en fonte est muni du côté de la glissière d'une lame plus grande portant au dos tourné vers l'ouvrier deux encoches qui reçoivent les boulons destinés à le fixer au manche; le côté opposé est terminé par un tranchant à biseau supérieur et tout à fait plat au-dessous. Cette lame vient butter contre une planchette servant d'arrêt et doit être, néanmoins, fixée au levier de telle manière qu'elle arrive jusqu'à l'arrêt de bois sans l'entamer. La planchette est portée par un plan en cuivre jaune incliné en même temps du côté du manche pour pouvoir recevoir les sarments de toute grosseur sur un point quelconque de la lame et qui s'incline aussi en avant pour régler le biseau à donner à la greffe ; il est creux au-dessous pour diminuer son poids, fixé, comme la planchette qu'il reçoit dans une rainure, au bâti en fonte de la machine à l'aide de deux boulons et armé de trois fortes vis à tête carrée qui s'élèvent et s'abaissent à volonté pour donner au plan l'inclinaison de droite à gauche selon la grosseur des sarments et d'avant en arrière selon la pente que l'on veut donner au biseau. Plus près du manche, parce qu'elle a moins de chemin à parcourir, est fixée, de la même manière, une lame tranchante à double biseau arrondi qui glisse sur une autre planchette plane arrêtée en dessous à la machine par une vis à bois et que commandent, comme précédemment, trois vis à tête carrée desti- nées à régler l'inclinaison de gauche à droite et d'avant en arrière, de manière à tailler la fente au niveau voulu et à recevoir le biseau, quel que soit son calibre sous l'un de ses points.

Pour opérer on règle la machine à sa guise en remarquant, cependant, que le biseau doit être allongé sans exagération. 3 à 4 centimètres, 5 centimètres au maximum suffisent. On coupe l'œil supérieur de la bouture s'il y en a; on présente le sommet du méritalle sous la lame ouverte; on l'y fait glisser en le butant contre la planchette d'arrêt et en le faisant porter exactement sur le plan incliné jusqu'au contact du tranchant; alors, de la main droite, saisissant la poignée et poussant vivement, on fait d'un seul coup le biseau.

On porte la bouture ainsi préparée sous la lame destinée à la fente; on cherche le point le plus convenable pour cette opération et qui varie selon l'épaisseur des boutures; on fixe celle-ci en appuyant l'index et le pouce qui l'ont saisie sur la planchette et en faisant revenir le levier à soi la fente est exécutée. Mais, comme ici, il n'y a de point d'arrêt autre que les doigts, il faut au préalable placer la planchette de 3 à 5 millimètres parallèlement en dehors de la lame. Le greffon se prépare exactement de la même manière, mais en sens inverse. Les tranchants ont besoin d'être affûtés chaque jour ce qui est facile; la

machine doit être huilée toutes les fois que c'est nécessaire.

Le travail doit être divisé pour utiliser la machine;
un homme ou une femme peut préparer les boutures
et couper les greffons pour les fournir à l'ouvrier;
une autre femme peut assembler les deux parties des
greffes; une autre, encore, lier et mastiquer; à certains moments tous les travailleurs doivent s'entr'ai-
der et se suppléer.

Ainsi, divisé, le travail marche avec une merveilleuse rapidité, mais il demande une surveillance
continuelle et mieux vaut sacrifier la rapidité à la perfection; celui qui prépare greffon et porte-greffe devra
veiller à ce que les œils n'empêchent jamais la coupe
de l'instrument, c'est-à-dire, qu'il devra laisser au-
dessus du dernier œil du porte-greffe et au-dessous
du dernier du greffon une longueur de mérithalle
suffisante. Celui qui assemble les deux parties devra
attendre d'en avoir par devant lui un stock assez considérable pour choisir avec un soin minutieux les frac-
tions opposées, qui constituent la *bouture greffée*, d'un
calibre mathématiquement égal; il s'assurera, quand
les contacts seront exactement établis, que l'assemblage est solide, car mettre en contact les deux bords
correspondants des parties opposées, les réunir en

assemblage solide , tels sont les deux points principaux de toute greffe.

La personne qui ficellera devra s'appliquer à ne pas
détruire les contacts établis par l'ouvrier précédent et
à les consolider, au contraire , en serrant assez pour
que, l'opération terminée, le mariage soit inébranlable
soit du haut en bas, soit latéralement.

Enfin , la personne chargée de l'enduit devra, à
mesure que l'argile se dessèche, y ajouter de l'eau
assez souvent pour que l'engluement soit facile, mais
pas assez pour qu'il soit mouilleux ; si l'enduit se fen-
dille en desséchant elle y ajoutera du sable. Dans le
cas où les deux parties de la bouture sont de diamètre
inégal, il est préférable que le greffon soit le plus gros
pour qu'il ne se dessèche pas aussi facilement.

La greffe anglaise, à la machine, s'opère avec d'autant plus de précision que la partie coupée est plus
cylindrique, voila pourquoi le milieu du mérithalle
est préférable soit pour tailler le biseau , soit pour
établir la fente. Celle-ci devra toujours s'arrêter à un
demi-centimètre ou à un centimètre au-dessous du
sommet des biseaux ; car, si elle est trop courte on
peut l'allonger, mais il est impossible de la raccourcir
quand elle est trop longue ; d'ailleurs avec des fentes
trop longues l'assemblage n'est jamais solide.

Cette greffe peut s'opérer en toute saison, voilà pourquoi M. Champin la appelée la greffe au coin du feu, mais le succès en est plus assuré quand on opère à la fin de la saison, avec des greffons récemment cueillis et en mettant en place sur le champ.

En agissant ainsi, j'ai obtenu cent pour cent avec le Cabernet Sauvignon et il paraît que cette proportion est habituelle à M. Gaillard, le grand pépiniériste de Brignais. Il opère ses greffes, pendant tout l'hiver; il les stratifie et ne les plante que fort avant dans le printemps quand elles ont poussé déjà; de cette manière il rejette celles qui, sur une partie ou sur l'autre, n'ont donné aucun signe de vie et, comme il plante assez tard pour ne pas craindre la gelée et que la bouture a subi le travail préparatoire de la stratification, il élimine, autant que faire se peut, toutes les chances d'insuccès; nous croyons que cette pratique tirée de sa vieille expérience est bonne à suivre, nous la conseillons, et, comme lui, nous préférons l'exécuter en mars et avril (1).

(1) Nous devons avouer en toute sincérité que, malgré son nom alléchant et pittoresque de greffe au coin du feu, elle ne donne des résultats vraiment pratiques qu'à dater de la fin mars, c'est-à-dire à l'époque ou le feu commence à n'être plus très-nécessaire

Nous savons, maintenant , comment nous devons procéder pour opérer nos boutures greffées, il faut nous demander avec quelles variétés nous reconstituerons nos vignobles à l'aide de ces boutures.

§ 4. — *Avec quelles variétés faut-il reconstituer nos vignobles.— Distance entre les pieds.— Distance entre les lignes.*

Avec quelles variétés faut-il reconstituer nos vignobles. — La question est, ici, fort complexe parce que sa solution varie suivant le pays, suivant le but que l'on veut atteindre et suivant le climat.

Bien fou serait, en effet, celui qui, possédant un des crus les plus renommés tels que ceux du Bordelais, de la Champagne et de Bourgogne, voudrait abandonner les vieilles variétés qui ont fait la réputation de ces précieux vignobles, pour leur substituer des vins de coupage ou d'abondance ; non que je prétende que ces crus ne peuvent être perfectionnés encore, mais, parce que je suis persuadé qu'il faut être très-prudent quand on touche à l'arche sainte d'une renommée acquise de longue date ; le meilleur conseil que je puisse donner aux heureux propriétaires de ces crus exceptionnels c'est, au contraire, de les conserver en greffant sur *Riparia* les variétés bien connues qui ont fait leur réputation.

Je ne conseillerai pas, non plus, aux pays favorisés d'un climat exceptionnel qui cultivaient, avec un énorme bénéfice, les raisins de table et de garde de greffer des vignes d'abondance ; mais à tous les pays qui recherchent soit l'abondance, soit la coloration, je dirai : mettez de côté votre vieux *Mourvèdre* qui vous donne le vin de coupage ou des vins de durée mais qui se montre avare de produits, adoptez le *Jacquez* qui donne plus et plus coloré, plus alcoolique que lui ; mais, surtout, plantez le *Riparia* portant par la greffe, soit l'*Aramon* qui donne la quantité sans donner la couleur et l'alcool, soit les *Hybrides-Bouschet* qui donnent l'abondance, la couleur, l'alcool. J'ai vu les *Hybrides-Bouschet* à l'œuvre et j'ai compris, tout d'abord, que là se trouvait l'avenir de la viticulture ; j'ai greffé des *Riparia* avant de mettre en pépinière, l'essai a été des plus heureux et je ne planterai plus que *Jacquez* pour la couleur : *Mourvèdre* pour la pousse tardive qui le soustrait au froid, aux gelées du printemps : *Terret-Bourret* à cause de l'abondance de son vin dans le mauvais sol : *Queue de Renard* pour sa rusticité et son excellent vin blanc et *Aramon*, *Alicante*, *Mourastel Bouschet*, mais surtout ces Hybrides à jus coloré qui sont incomparables comme teinte et comme production.

Nous ne nous étendrons pas plus à ce sujet; quelque longue que fut la nomenclature, elle ne saurait être complète et chacun doit se borner à la production des vins ou des raisins que le commerce lui demande, en les améliorant par l'introduction de nouvelles variétés, mais sans bouleverser le système établi pour les produits du pays qu'il habite.

Il est inutile, aussi, que je revienne sur les soins généraux qu'exigent les pépinières ou les plantations directes de boutures greffées. Je ne m'arrêterai qu'à quelques observations particulières.

Distance des pieds. — La distance des pieds sur la ligne peut être la même que celle des boutures franches, mais celle de 0,51 centimètres d'une ligne à l'autre est à peine suffisante et 0,60 centimètres d'écartement seraient préférables. La bouture greffée, qu'elle soit plantée directement à demeure ou provisoirement en ligne, doit être complétement enfouie quand la terre est meuble, soit dans une petite rigole, soit au fond d'un entonnoir rempli de sable, quand la terre est trop forte ; si , malgré cela, le bourgeon supérieur venait à être atteint par le froid , il faudrait déterrer le deuxième œil, encore indemne, tout en laissant la partie greffée complètement enfouie ; il ne faut pas oublier, en effet, que le greffage de la vigne, malgré l'emploi des mastics les plus vantés, ne réussit que quand le point greffé est complètement enterré.

Culture des greffes. — En outre, quand la greffe a poussé, quand on croit que tout a réussi, est assuré, il faut procéder au binage et ce travail devient d'autant plus difficile et d'autant plus délicat que la terre est plus forte ; mais, ici, le binage, ne devant pas seulement détruire les plantes parasites et ameublir le sol, sera exécuté d'une autre façon : comme tout greffon français tend à s'affranchir, pour peu que l'eau du ciel, ou un arrosage quelque fois nécessaire l'y sollicite, il émet de nombreuses racines qui le font vivre de sa propre vie, sans que ses faisceaux ligneux descendent dans le sol par le porte-greffe qui le supporte : il faut donc déchausser la ligne des deux côtés jusques au-dessous du point greffé pour supprimer rigoureusement toutes ces racines. Voilà pourquoi dans les pépinières nous conseillons plus de distance entre les lignes. Les pieds qui s'étaient affranchis se desséchent après quelques heures et c'est alors seulement que l'on peut apprécier le succès ou l'insuccès de l'opération. Mais le moindre contact de l'ouvrier ou de l'instrument peut être fatal au greffon qu'il dérange, et c'est en ce travail, surtout, qu'il faut demander peu et bien. Il est rare que l'on soit obligé de renouveler cette délicate besogne, mais selon le terrain et l'année il ne faut pas craindre d'y revenir (1).

CHAPITRE XII.

QUESTION ACCESSOIRE : LE CULTIVATEUR DOIT-IL ESSAYER L'HYBRIDATION.

— — —

Hybridation. — Nous devons, enfin, avant de terminer, donner la manière de procéder pour arriver sûrement à l'hybridation, qui est toujours une opéra-

---

(1 On peut encore, pour rendre cette délicate opération moins difficile, établir les lignes de *Boutures. Greffées* en ados, ceux-ci couvrant presque complètement le greffon ; les sillons intermédiaires recevront, ainsi, plus facilement la terre qui recouvre la bouture ; celle-ci sera plus facilement déchaussée : l'opération terminée, on pourra la rechausser immédiatement ou négliger de le faire si la reprise est complète et assurée.

tion délicate et aléatoire. Elle peut être accomplie avec les vignes américaines mariées aux françaises, comme avec les vignes françaises mariées aux américaines; entre variétés américaines différentes ou entre variétés françaises, différentes aussi, pour leur demander soit la grosseur, soit la précocité, enfin les qualités que réunissent les deux variétés choisies.

Le mode opératoire est, d'ailleurs, fort simple, il consiste à prévenir le soulèvement de la corolle, car c'est à ce moment précis que s'accomplit l'acte de la fécondation : quand le soleil est assez haut sur l'horizon pour avoir dissipé l'humidité on visite les grappes que l'on veut féconder ; on cherche délicatement avec une pince fine à soulever la corolle, on la détache, si elle cède facilement et on coupe le pédicelle de toutes les fleurs qui résistent. Si l'on veut féconder le pied on supprime avec soin toutes les étamines des fleurs que l'on a laissées ; on apporte une grappe fleurie de l'espèce fécondante, on l'entremêle avec la grappe de fleurs à féconder. Pour plus de sûreté on peut plonger le pédoncule de la grappe fécondante dans un très petit vase plein d'eau, petite fiole en tube que l'on fixe au sarment après avoir entremêlé les grappes.

On peut, aussi, se contenter de prendre une étamine
au moment de sa déhiscence et de couvrir de son
pollen le pistil à féconder; mais il faut s'assurer, alors,
que le stigmate est bien garni de pollen.

Un troisième procédé consiste à se servir d'un pinceau de poils d'écureuil, de ceux pour l'aquarelle,
par exemple; on l'emploie, soit comme dans le procédé précédent au transport du pollen, en frottant
contre les étamines le pinceau qui s'en garnit, et que
l'on va frotter de nouveau sur l'autre grappe; soit en
mouillant légèrement le pinceau pour que le pollen y
adhère et en allant l'essuyer ensuite sur la grappe à
féconder. Dans tous les cas, excepté dans le premier,
il faut s'assurer que les stigmates sont bien garnis
de pollen; dans tous les cas, aussi, la fleur fécondée
devra être abritée immédiatement dans un petit sac
de gaze blanche, fine et transparente, pour éviter la
fécondation par les fleurs voisines de mêmes variétés
et la protéger plus sûrement contre les ravages des
insectes.

Mais cette opération est rarement employée dans la
viticulture, elle est presque exclusivement du do-
maine du savant qui en abuse et de l'amateur qui s'en
amuse.

Ma tache est actuellement remplie, on m'a pourtant demandé, tant de fois, des renseignements sur la *stratification* que je crois de mon devoir de donner, condensé en un seul article, ce qu'il serait, peut-être fastidieux, de chercher disséminé dans mon livre quelque petit qu'il soit; je montrerai, d'ailleurs par là, combien j'attache d'importance à ce procédé.

VIGNES AMÉRICAINES.

MOYEN FACILE D'ASSURER LA REPRISE DES BOUTURES ET DES GREFFES.

STRATIFICATION.

La stratification de *Sternere Stratum* est, en viticulture, le meilleur procédé que l'on puisse employer pour conserver les boutures et les greffons et les disposer à la reprise.

Elle doit être employée à deux époques et dans deux buts opposés : en automne et à la fin de l'hiver: en automne pour empêcher le sarment de pousser et de se dessécher et à la fin de l'hiver pour hâter, au contraire, le développement de l'œil en sarments et en racines.

Voici comment on opère, en automne, pour obtenir le sommeil presque complet de la sève :

On choisit l'endroit le plus froid et le plus sec que l'on puisse trouver; on y creuse une fosse ou jauge de un mètre à un mètre cinquante de profondeur, selon le climat et assez grande pour contenir le stock présumé de ses boutures.

On place, au fond, un coussin de sable sec et coulant de 15 à 20 centimètres d'épaisseur; puis, on couche sur ce premier lit et horizontalement une rangée de boutures dont on remplit les vides avec le même sable et l'on procède, ainsi, lit par lit jusques à épuisement.

On recouvre, alors, les boutures d'une deuxième couche de sable de 15 à 20 centimètres d'épaisseur.

On aura, pendant l'opération, veillé à ce que pareille couche de sable sec règne tout autour des boutures et les sépare des parois de la fosse.

Le tout est, enfin, recouvert de la terre primitivement extraite qu'on dispose au-dessus en toiture ou en cône.

Dans les pays où les froids sont très intenses une forte couverture de paille sera très-utile, encore, pour mieux abriter les boutures stratifiées des variations athmosphériques et, si le sol n'est par sa nature pas attaquable à la profondeur voulue, pareille couverture pourra y suppléer.

Il sera fort à propos, aussi, là où les pluies sont abondantes, d'entourer la jauge d'une rigole destinée à l'écoulement des eaux.

On conserve par ce procédé les boutures et greffons pendant un temps indéfini; mais que l'on veuille planter ou greffer, il est indispensable de procéder vers la fin de l'hiver à une stratification nouvelle, légèrement modifiée.

Nous avons, ailleurs, conseillé, pour assurer la reprise et éviter les hâles de mai, de planter et de greffer aussi tard que possible; cela ne se pourrait sans le secours de la stratification; les variétés américaines poussent, en effet, bien plus tôt que les nôtres et nous n'avons point oublié que nos *Riparia*, plantés de trop bonne heure, furent, après une série de beaux jours qui avait déterminé leur départ, gelés le 23 janvier 1877.

La stratification remédie en partie à cet inconvénient en prolongeant le sommeil de la sève, ce qui permet de ne planter, non point qu'en mai, comme on le croit généralement, mais qu'à l'époque ou de petits tubercules qui, lors de la pousse, indiquent le lieu d'apparition des racines sont bien marqués soit à la base du bourgeon, soit à la face inférieure de section du talon dans la zône végétante.

Cette remarque physiologique qu'ont, nécessairement, dû faire ceux qui ont arraché des pépinières de vignes, démontre l'inutilité du raclage, de l'étranglement, de l'écrasement préalable. Rien n'est plus facile, d'ailleurs, à obtenir que l'apparition de ces tubercules :

15 jours, un mois avant la plantation, c'est-à-dire généralement vers la mi-mars, on tire les boutures de leur jauge froide et sèche pour les stratifier de nouveau, mais sans désemparer, dans un lieu chaud et dans le sable humide. Ce que nous visons, maintenant, c'est précisément le contraire de ce que nous cherchions jadis : c'est le développement de l'œil en bourgeons au dessus, en racines au dessous. Voilà pourquoi, le sujet devant, pour la réussite certaine de la greffe, être toujours, dans un état de végétation plus avancé que celui du greffon, nous attendrons

quelques jours encore pour placer ceux-ci dans leur jauge.

Si, un abaissement insolite de température, venant à se produire, la végétation ne se développait pas après ce traitement, il serait facile d'y suppléer en couvrant la jauge humide de fumier de litière qui par sa fermentation formerait réchaud.

On peut aisément, on le voit, amener, à l'aide de ce procédé, la bouture à l'état exigé soit pour la plantation, soit pour le greffage et, ce but obtenu, procéder avec certitude, presque, de succès à ces opérations. Qu'on ne vienne pas arguer, d'ailleurs, de la briéveté du temps qui reste au planteur et de l'influence fâcheuse des sécheresses æstivales ; ainsi traitées, les boutures ont regagné le temps perdu ; elles peuvent être, sans inconvénient, plantées rapidement à la cheville ou pal et le sol parfaitement ameubli, si le défoncement a été convenablement exécuté, n'est jamais trop sec pour la vigne puisqu'il donne notoirement les meilleurs résultats pour la culture maraichère qui exige la plus grande somme d'humidité.

Il n'est pas, non plus, nécessaire de différer la plantation jusques après les hâles de mai; les traces de racines dont sont pourvues les boutures ainsi traitées fournissent au jeune pied, dans le cas ou les pousses extérieures sont hâlées, assez de sève pour en reconstituer de nouvelles et la végétation n'est que retardée.

Il est bon, dans les terres compactes qui ne se tassent que difficilement autour de la bouture, de remplir, lorsque celle-ci est placée, le vide laissé par le pal avec le sable coulant qui empêche sa dessication.

C'est à l'aide de ce procédé que j'ai, avec le *Jacquez*, obtenu des résultats identiques à ceux que nous donnaient nos vieilles variétés et c'est, au contraire, l'emploi de l'ancienne méthode qui m'a infligé mes plus cuisants revers.

Les mêmes principes sont applicables au greffage : greffer c'est, en effet, planter une bouture raccourcie qu'on nomme Greffon dans un sol spécial nommé Porte-greffe et de même que, pour assurer le succès de la plantation, le sol doit avoir atteint déjà un certain degré de température ou la bouture être munie de certains organes, de même, aussi, le porte-greffe, qui remplace le sol, doit avoir atteint un certain degré de végétation qui le mette en état de fournir au greffon une quantité de sève suffisante pour empêcher son dessèchement.

Il y a, encore, pour assurer la reprise de la greffe sur bouture franche d'autres inconvénients à éviter, car si le desséchement par les hâles de mai des jeunes bourgeons de la bouture franche est toujours à craindre, il est autrement redoutable pour le greffon : tant que celui-ci n'est pas soudé, en effet, il peut être assimilé à une bouture qui n'a point encore émis de racines et desséché par le hâle. C'est à cet inconvénient que remédie le procédé de M. Gaillard et ce n'est pas sans raison que l'expérimenté pépiniériste de Brignais a pu affirmer qu'il obtenait par sa méthode cent pour cent de reprises pour la bouture greffée.

Rien de plus simple pourtant, car, la greffe anglaise opérée comme d'habitude, elle consiste à stratifier la bouture greffée soit dans une serre tempérée, soit dans une exposition très-chaude et dans du sable humide que l'on arrose, s'il le faut, de temps à autre mais très-légèrement avec de l'eau tiédie.

Si, pourtant, la température était insuffisante encore, on pourrait comme je l'ai dit précédemment y suppléer par un réchaud de litière.

Après quelques jours de ce traitement la végétation commence, la soudure la suit, puis le moment de la plantation étant venu on tire les boutures de leur nouvelle jauge aux fur et mesure du besoin ; on consolide les liens ébranlés ou détruits ; on greffe de nouveau ce qui n'a pas repris et on rejette tout ce qui paraît avoir souffert.

Après l'exposition de ce procédé, l'assertion optimiste du grand pépiniériste ne surprendra plus et nous le recommandons chaudement à ceux qui redouteraient des échecs.

Nous avons, avant d'achever, à signaler une observation aussi curieuse qu'inattendue ; il s'agit du conseil que nous donnons à l'article : *Conservation des Boutures*, de les plonger dans de l'eau courante, les eaux stagnantes facilitant leur pourriture.

Ce procédé, si efficace pour nos vieilles variétés, serait encore excellent pour les variétés américaines à condition que le cours d'eau, dont la nappe pourrait n'avoir que 5 à 10 centimètres d'épaisseur, serait assez froid (entre 8 à 10 degrés) sans être exposé aux fortes gelées.

C'est ainsi que je conservais quelques milliers de *Riparia* et de *Jacquez*.

Une forte gelée est venue faire prendre à glace tous les petits cours d'eau voisins; toutes les plantes aquatiques ont été, soit emprisonnées, soit gelées pendant trois à quatre nuits. Voulant, après la gelée, expédier des *Riparia* de moindre épaisseur je fus frappé de stupeur : mes paquets étaient dévorés; un trou circulaire avait été pratiqué à l'extérieur; tout avait été rongé d'un lien à l'autre à l'exception de la moitié extérieure des sarments extérieurs : les rats d'eau des rigoles voisines gelées étant affamés avaient pénétré par un étroit et long conduit souterrain dans mon clos et, mon eau de source n'étant pas prise, ils avaient, faute d'autre nourriture, dévoré à la manière du rat de la fable mes boutures les plus tendres, respectant les boutures fortes et les *Jacquez* probablement à cause de la dureté de leur bois. Il faudra, donc, si l'on emploie ce procédé, se méfier de ces rongeurs affamés.

G. DAVIN.

ERRATA.

Page.	Ligne.	Au lieu de :	Lisez :
14	2	et planter et greffer	et planter et semer.
30	18	leurs rivaux	leur rival.
36	10	§ 3	§ 4.
42	17	renouvellent ; une mesure	renouvellent , une mesure
45	19	§ 4	§ 5
47	21	racines	racinés
57	15	sous	sans
65	8	sucre ; on	sucre, on
	16	développement de, l'œil	développement de l'œil
71	17	qui le suit	qui suit
104	17	qu'ils creusent à mesure	à mesure qu'ils creusent
115	15	de 6 à 10	sur 6 à 10
118	6	Cordifolia Æstivalis	Cordifolia— Æstivalis
134	4	ralentit dans la racine le cours	ralentit le cours
152	19	Buss et Meishner	Bush et Meissner
154	6	mouvantes	mourantes
185	2	qui n'atteidront	que n'atteindront
	14	que notre	que celle de notre
188	15	a faire	affaire
191	10	adoptation	adapation
203	16	elle s'introduit	il s'introduit
209	23	à le fixer	à la fixer
	9	il est creux	ce plan est creux

Ajoutons que l'usage a prévalu d'écrire Hiver au lieu d'Hyver et que l'Académie au lieu de condamner les irrégularités de la langue française, en a créé une nouvelle à propos des *yeux* de la vigne; le bon sens eut exigé une règle ainsi conçue : le substantif œil fera au pluriel yeux quand il s'appliquera a des objets animés, c'est-à-dire quand il désignera l'appareil visuel. Partout ailleurs on l'écrira régulièrement. Une règle n'en est plus une quand elle supporte tant d'exceptions, nous n'avons, ici, corrigé que les fautes qui dénaturaient le sens, laissant à nos lecteurs le soin de rétablir l'orthographe un peu maltraitée nous l'avouerons.

G. D

TABLE DES MATIÈRES.

CHAPITRE VI.

CHAPITRE VII.

CHAPITRE VIII.

CHAPITRE IX.

CHAPITRE XII.